宜宾市三江干流
常见水生生物图谱

黄刚　杨晓东　熊莉　/主编

四川科学技术出版社

图书在版编目（CIP）数据

宜宾市三江干流常见水生生物图谱 / 黄刚，杨晓东，熊莉主编. -- 成都：四川科学技术出版社，2025. 5.

ISBN 978-7-5727-1790-1

Ⅰ. Q178.42-64

中国国家版本馆CIP数据核字第2025ST0676号

宜宾市三江干流常见水生生物图谱

YIBIN SHI SANJIANG GANLIU CHANGJIAN SHUISHENG SHENGWU TUPU

主　　编　黄刚　杨晓东　熊莉

出 品 人　程佳月
策划编辑　何晓霞
营销编辑　刘成
责任编辑　文景茹
责任出版　欧晓春
出版发行　四川科学技术出版社
　　　　　成都市锦江区三色路238号　邮政编码　610023
　　　　　官方微信公众号：sckjcbs
　　　　　传真：028-86361756
成品尺寸　185 mm × 260 mm
印　　张　11.5
字　　数　200千
印　　刷　成都市东辰印艺科技有限公司
版　　次　2025年5月第 1 版
印　　次　2025年6月第 1 次印刷
定　　价　98.00元

ISBN 978-7-5727-1790-1

邮　　购：成都市锦江区三色路238号新华之星A座25层　邮政编码：610023
电　　话：028-86361758

编委会

前言

“十四五”期间，我国治水思路由污染治理为主向水资源、水环境和水生态协同治理、统筹推进转变。水生生物作为水生态监测与评价的重要基础，能弥补水质理化监测无法反映污染生物效应的局限，对准确评估我国流域水生态环境质量状况的变化和水生态保护与修复具有重要意义。

水生生物监测多以鱼类、底栖动物、大型水生植物和浮游动植物作为主要的监测指标，日常工作可以根据特定的监测水体选择适合的、能准确反映生态状况的生物类群。浮游植物是水生态系统的重要组成部分，作为初级生产者能够利用水体中氮、磷等营养物质，通过光合作用制造有机物并释放出氧气，是水体中鱼类和其他动物直接或间接的饵料，在决定水域的生产性能上具有重要意义。底栖动物则是水生态系统的另一重要类群，具有物种丰富、分布广泛、生活周期较长、迁徙能力相对较差、生活习性稳定、相对易于采集，以及对生境变化较敏感等特点，被广泛应用于河流生态系统的现状监测及评价研究。浮游植物和底栖动物群落结构及健康状况是河流生态系统健康程度的生物指示器，对了解水生态系统的结构和功能具有重要的意义。

2022 年 6 月，习近平总书记来到四川宜宾考察，在三江口眺望长江、金沙江、岷江三江交汇处，指出四川地处长江上游，要增强大局意识，牢固树立上游意识，坚定不移贯彻共抓大保护、不搞大开发方针，筑牢长江上游生态屏障，守护好这一江清水。四川省宜宾生态环境监测中心站认真贯彻习近平总书记重要指示精神，勇于担当，率先作为，弥补监测短板弱项，于 2023—2024 年开展宜宾市三江干流水生生物摸底调查监测，并编撰了《宜宾市三江干流常见水生生物图谱》。本书通过实物彩色图片展示、局部形态特写、主要特征描述等方式，对宜宾市三江干流的常见水生生物进行了较为全面的记录。本书正文部分共收录浮游植物 7 门 9 纲 19 目 32 科 62 属，底栖动物 4 门 8 纲 20 目 47 科 66 属（浮游植物统一分类到属，底栖动物则根据中国环境监测总站发布的底栖动物最基本分类鉴定单元要求进行分类），是一本便于相关工作者按图索骥查找，有助于提高工作效率的参考书，可指导初学者在较短时间内掌握浮游植物和底栖动物的基本鉴定方法，提高鉴定的准确度。本书的出版将弥补长江上游，特别是长江、岷江、金沙江流域宜宾段浮游植物和底栖动物监测鉴定参考图书缺乏及参考图书内容不完整等情况，对推进四川省水生态监测和长江流域水生态考核工作具有重要意义。

特别感谢南京农业大学王备新教授、中国科学院水生生物研究所崔永德副研究员、江南大学张军毅教授和水利部中国科学院水工程生态研究所赵先富研究员等专家在样品鉴定和分类上的指导与帮助。

本书所描述的标本现存于四川省宜宾生态环境监测中心站。本书的编写凝聚了全体撰稿人的心血，是集体智慧的结晶。但由于作者水平有限，不足与疏漏之处在所难免，敬请读者朋友不吝指正。

绪论

一、三江宜宾段干流流域自然概况

宜宾市位于四川盆地南部，地跨北纬 27°50′~29°16′、东经 103°36′~105°20′，总面积 13 271 平方千米。境内水系发达，以长江为主脉，河流多、密度大、水量丰富。金沙江、岷江在宜宾汇合后成为长江，横贯市境北部。

长江从市区合江门岷江口起，于江安县井口出境，境内河道长 83.3 千米，集雨面积 8 928 平方千米，多年平均流量 7 742 米^3/秒，年过境总水量 2 423.1 亿立方米。岷江宜宾段长 67.8 千米，境内集雨面积 2 714 平方千米，多年平均流速 2.3 ~ 3.7 米/秒，多年平均流量 2 738 米^3/秒。金沙江宜宾段长 122.4 千米，境内集雨面积 1 656 平方千米，多年平均流量 4 650 米^3/秒，年径流量 1 470 亿立方米；两岸山势陡峻，河谷狭窄，流域内耕地少、植被差、土质疏松、水土流失严重，是长江水土保持重点治理区域；境内有向家坝水电站，距宜宾市区 33 千米，是金沙江下游梯级开发中最末的一个梯级水电站。

二、三江宜宾段干流流域水质状况

近年来，长江、岷江、金沙江宜宾段干流水质状况均为优。2023—2024 年，长江宜宾段干流 5 个监测断面水质状况均为Ⅱ类；岷江宜宾段干流 4 个监测断面中Ⅰ~Ⅲ类水质断面占 100%，其中Ⅲ类水质断面占 62%；金沙江宜宾段干流 3 个监测断面中Ⅰ类水质断面占 33%，Ⅱ类水质断面占 67%。

三、三江宜宾段干流流域水生生物多样性

作者于 2023—2024 年对长江、岷江、金沙江宜宾段干流 10 个点位的浮游植物和底栖动物群落结构特征进行了调查研究。通过野外样品采集，结合《中国淡水藻类——系统、分类及生态》《中国淡水藻志》《中国流域常见水生生物图集》（上、下册）《中国内陆水域常见藻类图谱》《淡水无脊椎动物系统分类、生物及生态学》《中国北方摇蚊幼虫》《阿什河底栖动物图谱》等文献资料，经室内分析鉴定，初步发现浮游

植物 7 门 9 纲 22 目 37 科 95 属，底栖动物 4 门 8 纲 22 目 55 科 83 属（详见附录，其中本书正文部分收录有浮游植物 7 门 9 纲 19 目 32 科 62 属，底栖动物 4 门 8 纲 20 目 47 科 66 属，并对它们进行了详尽介绍）。其中，指示水体清洁的水生昆虫 EPT（蜉蝣目 Ephemeroptera、襀翅目 Plecoptera、毛翅目 Trichoptera）物种分布广，共记录 24 属，约占底栖动物总属数的 28.9%，是多数监测点位的优势类群。

目录

CONTENTS

第一篇　浮游植物

第1章　蓝藻门（Cyanophyta）---- 03

1.1　色球藻属（*Chroococcus*）---- 05

1.2　平裂藻属（*Merismopedia*）---- 06

1.3　微囊藻属（*Microcystis*）---- 07

1.4　长孢藻属（*Dolichospermum*）---- 08

1.5　尖头藻属（*Raphidiopsis*）---- 09

1.6　颤藻属（*Oscillatoria*）---- 10

1.7　螺旋藻属（*Spirulina*）---- 11

1.8　假鱼腥藻属（*Pseudanabaena*）---- 12

第2章　绿藻门（Chlorophyta）---- 13

2.1　纤维藻属（*Ankistrodesmus*）---- 15

2.2　小球藻属（*Chlorella*）---- 16

2.3　顶棘藻属（*Lagerheimiella*）---- 17

2.4　四角藻属（*Tetraedron*）---- 18

2.5　网球藻属（*Dictyosphaerium*）---- 19

2.6　肾形藻属（*Nephrocytium*）---- 20

2.7　卵囊藻属（*Oocystis*）---- 21

2.8　浮球藻属（*Planktosphaeria*）---- 22

2.9　盘星藻属（*Pediastrum*）---- 23

2.10　集星藻属（*Actinastrum*）---- 24

2.11　十字藻属（*Crucigenia*）---- 25

2.12　栅藻属（*Scenedesmus*）---- 26

2.13　刚毛藻属（*Cladophora*）---- 27

2.14　纺锤藻属（*Elakatothrix*）---- 28

2.15　四鞭藻属（*Carteria*）---- 29

2.16 衣藻属（*Chlamydomonas*）------------------------------------ 30
2.17 空球藻属（*Eudorina*）-- 31
2.18 实球藻属（*Pandorina*）-- 32
2.19 新月藻属（*Closterium*）--------------------------------------- 33
2.20 鼓藻属（*Cosmarium*）-- 34
2.21 角星鼓藻属（*Staurastrum*）---------------------------------- 35
2.22 水绵属（*Spirogyra*）--- 36
第3章 硅藻门（Bacillariophyta）------------------------------------ 37
3.1 四棘藻属（*Attheya*）--- 39
3.2 水链藻属（*Hydrosera*）-- 40
3.3 小环藻属（*Cyclotella*）-- 41
3.4 直链藻属（*Melosira*）-- 42
3.5 冠盘藻属（*Stephanodiscus*）---------------------------------- 44
3.6 星杆藻属（*Asterionella*）------------------------------------- 45
3.7 等片藻属（*Diatoma*）-- 46
3.8 脆杆藻属（*Fragilaria*）--------------------------------------- 47
3.9 针杆藻属（*Synedra*）-- 49
3.10 菱板藻属（*Hantzschia*）------------------------------------- 50
3.11 菱形藻属（*Nitzschia*）-- 51
3.12 波缘藻属（*Cymatopleura*）----------------------------------- 54
3.13 双菱藻属（*Surirella*）--- 55
3.14 双眉藻属（*Amphora*）--- 56
3.15 桥弯藻属（*Cymbella*）--- 57
3.16 异极藻属（*Gomphonema*）------------------------------------ 58
3.17 茧形藻属（*Amphiprora*）------------------------------------- 59
3.18 布纹藻属（*Gyrosigma*）--------------------------------------- 60
3.19 舟形藻属（*Navicula*）-- 61

3.20 辐节藻属（*Stauroneis*）-- 62
3.21 曲壳藻属（*Achnanthes*）-- 63
3.22 卵形藻属（*Cocconeis*）-- 64
第4章 裸藻门（Euglenophyta）-- 65
4.1 裸藻属（*Euglena*）-- 67
4.2 扁裸藻属（*Phacus*）-- 68
4.3 囊裸藻属（*Trachelomonas*）-- 69
第5章 甲藻门（Dinophyta）-- 70
5.1 角甲藻属（*Ceratium*）-- 72
5.2 裸甲藻属（*Gymnodinium*）-- 73
5.3 拟多甲藻属（*Peridiniopsis*）-- 74
5.4 多甲藻属（*Peridinium*）-- 75
第6章 隐藻门（Cryptophyta）-- 76
6.1 蓝隐藻属（*Chroomonas*）-- 78
6.2 隐藻属（*Cryptomonas*）-- 79
第7章 金藻门（Chrysophyta）-- 80
锥囊藻属（*Dinobryon*）-- 82

第二篇 底栖动物

第1章 扁形动物门（Platyhelminthes）-- 85
涡虫纲（Turbellaria）-- 87
第2章 环节动物门（Annelida）-- 88
2.1 石蛭属（*Erpobdella*）-- 90
2.2 巴蛭属（*Barbronia*）-- 91
2.3 舌蛭属（*Glossiphonia*）-- 92
2.4 拟扁蛭属（*Hemiclepsis*）-- 93

2.5 带丝蚓属（*Lumbriculus*）-- 94
2.6 仙女虫属（*Nais*）-- 95
2.7 尾鳃蚓属（*Branchiura*）-- 96
2.8 水丝蚓属（*Limnodrilus*）-- 97
2.9 颤蚓属（*Tubifex*）-- 98
第3章 软体动物门（Mollusca）-- 99
3.1 萝卜螺属（*Radix*）--- 101
3.2 膀胱螺属（*Physa*）--- 102
3.3 旋螺属（*Gyraulus*）-- 103
3.4 涵螺属（*Alocinma*）-- 104
3.5 短沟蜷属（*Semisulcospira*）------------------------------------ 105
3.6 狭口螺属（*Stenothyra*）-- 106
3.7 湖沼股蛤（淡水壳菜）（*Limnoperna lacustris*）-------- 107
3.8 蚬属（*Corbicula*）--- 108
第4章 节肢动物门（Arthropoda）--------------------------------------- 109
4.1 水螨科（Hydrachnidae）--- 111
4.2 龙虱科（Dytiscidae）--- 112
4.3 溪泥甲科（Elmidae）-- 113
4.4 隐翅甲科（Staphylinidae）--------------------------------------- 114
4.5 蠓科（Ceratopogonidae）--- 115
4.6 隐摇蚊属（*Cryptochironomus*）---------------------------------- 116
4.7 拟长跗摇蚊属（*Paratanytarsus*）-------------------------------- 117
4.8 多足摇蚊属（*Polypedilum*）------------------------------------- 118
4.9 流长跗摇蚊属（*Rheotanytarsus*）-------------------------------- 119
4.10 同波摇蚊属（*Sympotthastia*）---------------------------------- 120
4.11 布摇蚊属（*Brillia*）-- 121
4.12 环足摇蚊属（*Cricotopus*）------------------------------------- 122

4.13 直突摇蚊属（*Orthocladius*）------------------------------------ 123
4.14 无突摇蚊属（*Ablabesmyia*）------------------------------------ 124
4.15 蚊科（Culicidae）-- 125
4.16 蚋科（Simuliidae）--- 126
4.17 大蚊科（Tipulidae）-- 127
4.18 丽翅蜉属（*Alainites*）--- 128
4.19 四节蜉属（*Baetis*）-- 129
4.20 花翅蜉属（*Baetiella*）--- 130
4.21 原二翅蜉属（*Procloeon*）--- 131
4.22 细蜉属（*Caenis*）-- 132
4.23 蜉蝣属（*Ephemera*）-- 133
4.24 锯形蜉属（*Serratella*）-- 134
4.25 似动蜉属（*Cinygmina*）-- 135
4.26 扁蚴蜉属（*Ecdyonurus*）--- 136
4.27 高翔蜉属（*Epeorus*）-- 137
4.28 扁蜉属（*Heptagenia*）--- 138
4.29 宽基蜉属（*Choroterpes*）-- 139
4.30 拟细裳蜉属（*Paraleptophlebia*）------------------------------- 140
4.31 负子蝽属（*Diplonychus*）--------------------------------------- 141
4.32 小划蝽属（*Micronecta*）--- 142
4.33 螟蛾科（Pyralidae）-- 143
4.34 星齿蛉属（*Protohermes*）-- 144
4.35 蟌科（Coenagrionidae）-- 145
4.36 春蜓科（Gomphidae）-- 146
4.37 舌石蛾科（Glossosomatidae）------------------------------------ 147
4.38 纹石蛾科（Hydropsychidae）-------------------------------------- 148
4.39 小石蛾科（Hydroptilidae）--------------------------------------- 149

4.40 多距石蛾科（Polycentropodidae） -------------------------150
4.41 角石蛾科（Stenopsychidae） --------------------------------151
4.42 蜾蠃蜚科（Corophiidae） ------------------------------------152
4.43 钩虾科（Gammaridae） --153
4.44 米虾属（*Caridina*） ---154
4.45 沼虾属（*Macrobrachium*） -----------------------------------155
4.46 白虾属（*Exopalaemon*） --------------------------------------156
4.47 龙溪蟹属（*Longpotamon*） ----------------------------------157
4.48 鼠妇属（*Porcellio*） --158
4.49 团水虱科（Sphaeromatidae） --------------------------------159

参考文献--160
附录--161
宜宾市三江干流常见浮游植物名录 ---------------------------------------161
宜宾市三江干流常见底栖动物名录 ---------------------------------------166

第一篇

浮游植物

第 1 章

蓝藻门
（Cyanophyta）

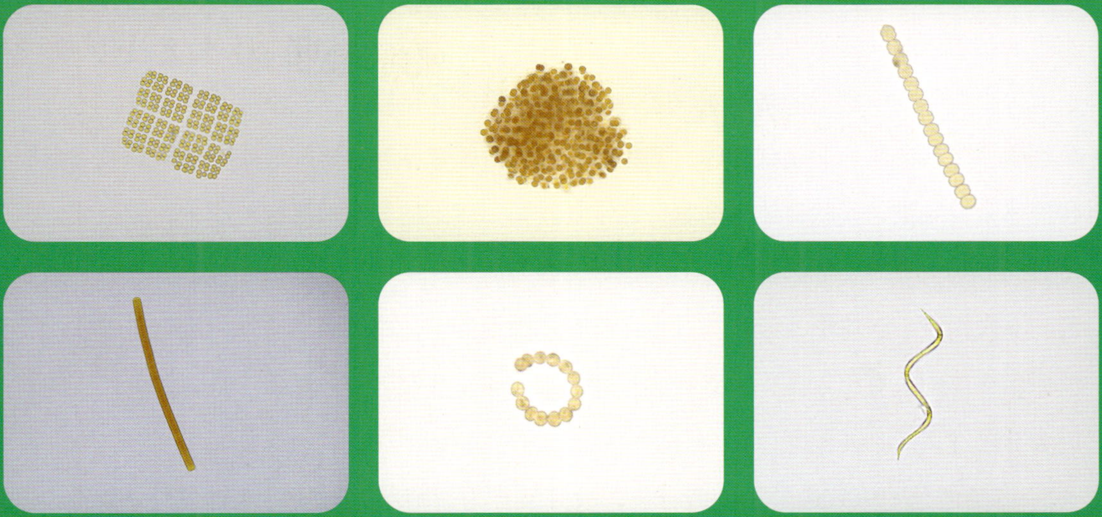

蓝藻门（Cyanophyta）

蓝藻是一类非常古老、地面分布广泛、适应能力较强的光合自养生物类群，可生长在淡水、海洋、高山冰川、终年冰冻的南北两极、悬崖峭壁、阴湿土壤和树皮上，甚至在水温高达 85℃的温泉、荒芜贫瘠的沙漠等其他植物难以生存的地方，只要有阳光和水，蓝藻都能生长。蓝藻常在含氮量较高、有机质丰富的碱性水体中生长。夏季、秋季的湖泊中，一些蓝藻(如微囊藻、长孢藻、束丝藻等)大量繁殖并形成水华，这会破坏水体景观和水生态系统结构，从而造成生态灾害。一些产毒或产嗅的蓝藻种类的大量繁殖会导致水体产生恶臭，这会毒害鱼、虾、螺、贝，影响水质，因此某些蓝藻可作为水质的指示生物。蓝藻为原核生物，没有细胞核、线粒体、叶绿体、高尔基体、内质网、液泡等真核生物中常见的细胞器，唯一存在的细胞器是核糖体。其藻体形态多样，可为单细胞、丝状群体、非丝状群体。蓝藻的细胞壁由氨基糖和氨基酸组成，单细胞及非丝状群体常具胶被，丝状群体的细胞壁外常具胶鞘。蓝藻的细胞形态比较简单，无鞭毛，常见的形状有球形、椭圆形、卵形、柱形、镰刀形和纤维形等。单细胞可形成片状、球形、不规则状、团块形、丝状等群体，没有多细胞体。蓝藻的原生质体内没有色素体，但原生质体周边有色素区，色素区含有叶绿素 a 和藻蓝素等，故藻体常呈蓝绿色，有的因含有藻红素而呈其他颜色。

蓝藻的繁殖方式通常为细胞分裂，故其又称为裂殖藻。丝状群体除细胞分裂外，其藻丝还能形成“藻殖段”。

本图谱收录了宜宾市三江干流常见的蓝藻 1 纲 3 目 6 科 8 属。

1.1　色球藻属（*Chroococcus*）

分类地位

蓝藻门（Cyanophyta）— 蓝藻纲（Cyanophyceae）— 色球藻目（Chroococcales）— 色球藻科（Chroococcaceae）— 色球藻属（*Chroococcus*）

鉴别特征

多为 2 个、4 个或更多（很少超过 64 个）的细胞组成的群体，少数为单细胞；细胞球形或半球形；群体胶被较厚，均匀或分层，个体胶被均匀或分层。

生境

此属物种生长于各种水体或潮湿的环境中。

采集地

长江流域挂弓山、纳溪大渡口；金沙江流域宝宁村、三块石；岷江流域月波、麻柳坝、鱼尾坝。

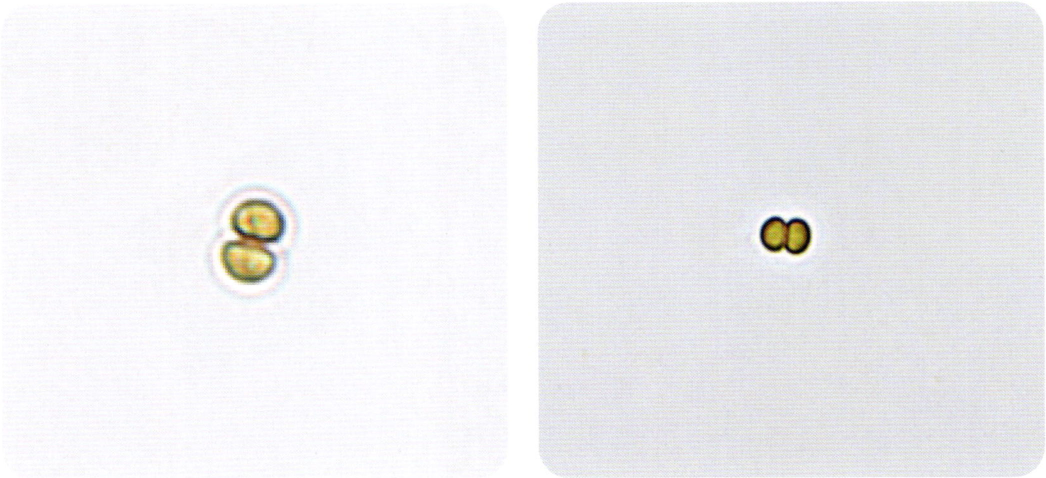

色球藻属

1.2 平裂藻属（*Merismopedia*）

分类地位

蓝藻门（Cyanophyta）— 蓝藻纲（Cyanophyceae）— 色球藻目（Chroococcales）— 平裂藻科（Merismopediaceae）— 平裂藻属（*Merismopedia*）

鉴别特征

为 1 层细胞组成的平板状群体；群体内细胞排列规则，通常两个细胞为 1 对，两对为 1 组，4 组为 1 小群，若干个小群集合成平板状群体；群体内细胞呈椭圆形或球形，内含物均匀，少数细胞的内含物为伪空胞或微小的颗粒；群体内细胞浅蓝绿色、亮绿色，少数为玫瑰红色至紫蓝色。

生境

此属物种在各种水体中均较常见。

采集地

岷江流域月波、麻柳坝、鱼尾坝。

平裂藻属

1.3　微囊藻属（*Microcystis*）

分类地位

蓝藻门（Cyanophyta）— 蓝藻纲（Cyanophyceae）— 色球藻目（Chroococcales）— 微囊藻科（Microcystaceae）— 微囊藻属（*Microcystis*）

鉴别特征

通常为多个细胞聚集组成的群体，群体形态为球形、类椭圆形、穿孔状、不规则分叶状或长带状，某些种类的群体为不规则树枝状；群体内细胞松散或紧密、规则或不规则地排列在 1 个共同的胶被中；群体胶被均匀无色，个体没有胶被，但内含气囊；细胞球形或近球形，分裂时细胞为半球形。

生境

此属物种分布较广泛，不仅分布在温带的池塘或湖泊中，热带的水体里也有分布。

采集地

金沙江流域宝宁村；岷江流域月波、麻柳坝。

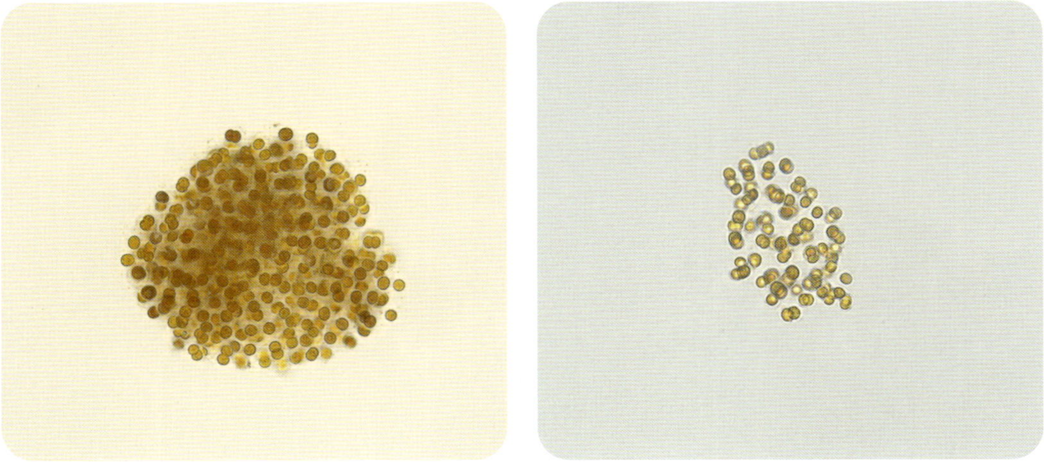

微囊藻属

■ 1.4 长孢藻属（*Dolichospermum*）

分类地位

蓝藻门（Cyanophyta）— 蓝藻纲（Cyanophyceae）— 念珠藻目（Nostocales）— 念珠藻科（Nostocaceae）— 长孢藻属（*Dolichospermum*）

鉴别特征

为单一丝状体、不定形胶质块或柔软膜状；藻丝等宽或末端尖，直或不规则地螺旋状弯曲；细胞球形、桶形，具有气囊；异形胞常为间位；厚壁孢子是副异形胞类型，1 个或几个成串，它们向异形胞方向连续发育形成，常由 2 个至几个相邻营养细胞融合后形成，成熟的厚壁孢子常比营养细胞大 3 倍或更多倍。

生境

此属物种常分布于湖泊、水库及河流等水体中。

采集地

长江流域纳溪大渡口。

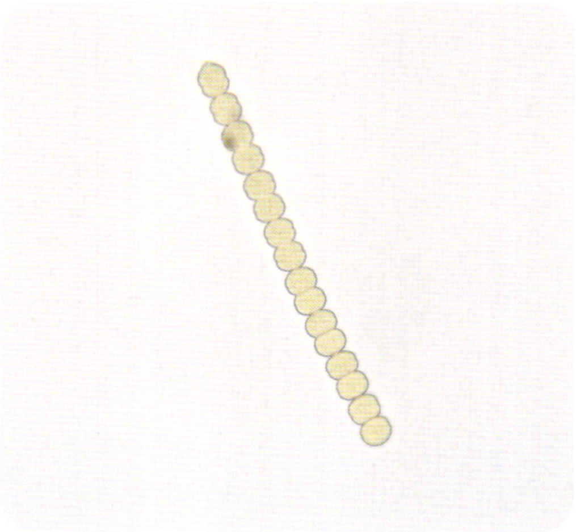

长孢藻属

1.5　尖头藻属（*Raphidiopsis*）

分类地位

蓝藻门（Cyanophyta）— 蓝藻纲（Cyanophyceae）— 念珠藻目（Nostocales）— 念珠藻科（Nostocaceae）— 尖头藻属（*Raphidiopsis*）

鉴别特征

细胞列短，可直可弯曲，无胶鞘；丝状体两端尖细或一端尖细，另一端宽圆；细胞圆柱形；无异形胞；厚壁孢子单生或在丝状体两端中间成对生长。

生境

此属物种常分布于湖泊、池塘等静水水体中。

采集地

长江流域挂弓山、江南沙嘴上、纳溪大渡口；金沙江流域三块石、石门子；岷江流域鱼尾坝。

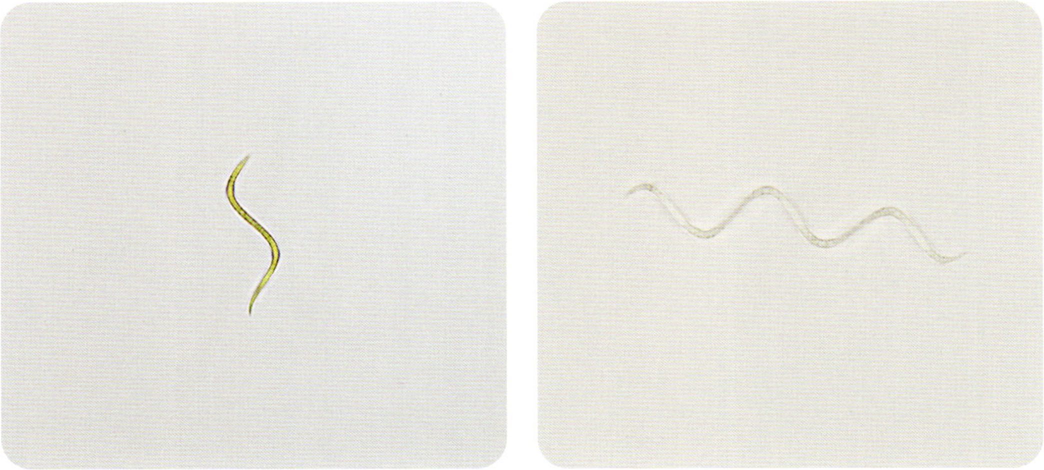

尖头藻属

1.6 颤藻属（*Oscillatoria*）

分类地位

蓝藻门（Cyanophyta）— 蓝藻纲（Cyanophyceae）— 颤藻目（Oscillatoriales）— 颤藻科（Oscillatoriaceae）— 颤藻属（*Oscillatoria*）

鉴别特征

为单条藻丝或许多藻丝组成的皮壳状或块状的漂浮群体，无胶鞘或有极薄的胶鞘（罕见）；藻丝不分枝，直或扭曲，能颤动；顶端细胞形态多样，末端增厚或具帽状结构；细胞短柱形或盘状；内含物均匀或具颗粒，少数具气囊。

生境

此属物种分布广泛，淡水、海水和潮湿土壤中均能发现，部分种类是污染的指示生物。

采集地

金沙江流域三块石；岷江流域月波、鱼尾坝、麻柳坝。

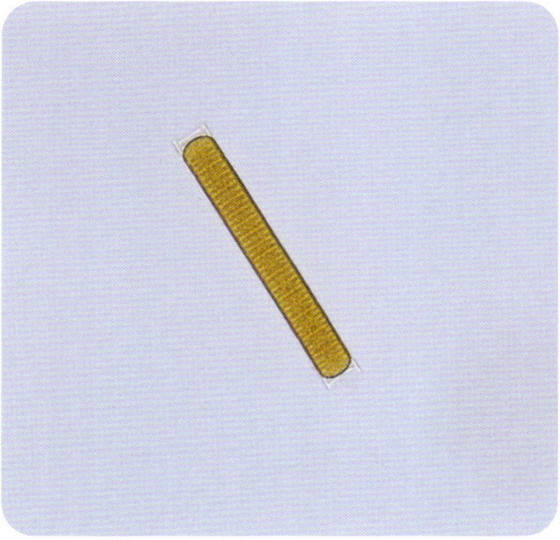

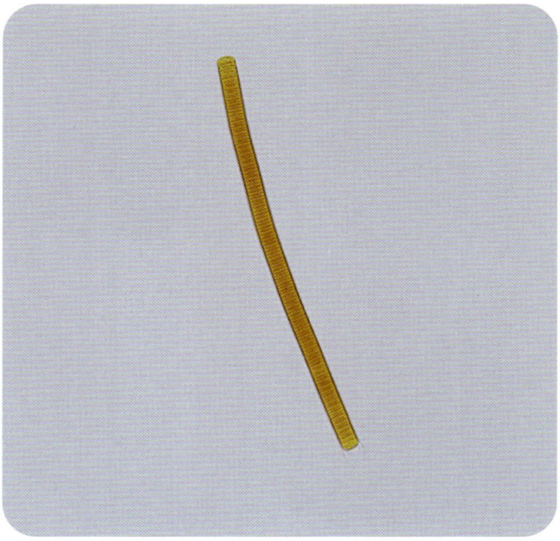

颤藻属

1.7 螺旋藻属（*Spirulina*）

分类地位

蓝藻门（Cyanophyta）— 蓝藻纲（Cyanophyceae）— 颤藻目（Oscillatoriales）— 颤藻科（Oscillatoriaceae）— 螺旋藻属（*Spirulina*）

鉴别特征

为多个细胞组成的规则的螺旋状弯曲的丝状体，无胶鞘；细胞圆柱形；顶端细胞钝圆，无帽状结构。

生境

此属物种在各种水体中均较常见。

采集地

长江流域挂弓山、江南沙嘴上、纳溪大渡口；金沙江流域三块石、石门子。

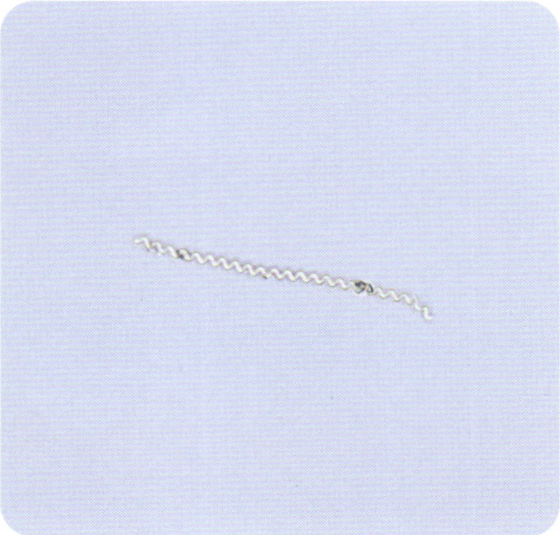

螺旋藻属

1.8 假鱼腥藻属（*Pseudanabaena*）

分类地位

蓝藻门（Cyanophyta）— 蓝藻纲（Cyanophyceae）— 颤藻目（Oscillatoriales）— 假鱼腥藻科（Pseudanabaenaceae）— 假鱼腥藻属（*Pseudanabaena*）

鉴别特征

藻丝单生，通常呈直线或弓形，少波状，由几个圆柱形的或长或短的细胞组成；藻丝无胶鞘，具胶被，顶端细胞无分化；细胞横壁明显收缢，细胞两端钝圆，几乎呈桶形。

生境

此物种分布广泛，淡水、海水中都有发现。

采集地

长江流域江南沙嘴上；金沙江流域宝宁村、石门子；岷江流域月波、麻柳坝。

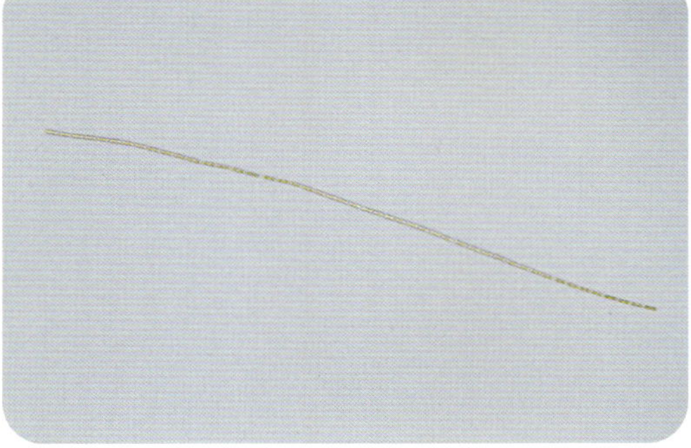

假鱼腥藻属

第 2 章

绿藻门

（Chlorophyta）

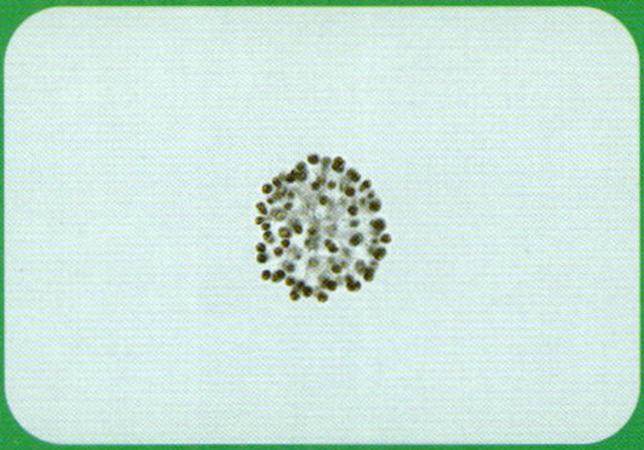

绿藻门（Chlorophyta）

绿藻生活在淡水和海水中，海水种类约占 10%，淡水种类约占 90%。绿藻门是藻类中最大的一门。

绿藻中除少数物种的原生质裸露、无细胞壁外，绝大多数都有细胞壁。其细胞壁的主要成分为纤维素，外层常具果胶质。绿藻的细胞表面一般平滑，有的具颗粒、孔纹、瘤、刺、毛等构造。绿藻藻体形态多种多样，包括单细胞、群体、丝状体等。色素体是绿藻重要的细胞器，周生或轴生，形状多样。大多数绿藻都具 1 个或多个色素体。大多数绿藻的色素体内含有 1 个至数个蛋白核。色素体中的贮存物质为淀粉，呈颗粒状。绿藻的光合作用色素包括叶绿素 a 和叶绿素 b，辅助色素有叶黄素、胡萝卜素等。绝大多数绿藻细胞呈草绿色。大多数绿藻细胞具 1 个细胞核，少数为多核，具核膜和核仁。

绿藻有性生殖很普遍，包括同配生殖、异配生殖和卵配生殖。其生殖细胞都具有鞭毛。

本图谱收录了宜宾市三江干流常见绿藻 2 纲 6 目 11 科 22 属。

2.1 纤维藻属（*Ankistrodesmus*）

分类地位

绿藻门（Chlorophyta）— 绿藻纲（Chlorophyceae）— 绿球藻目（Chlorococcales）— 小球藻科（Chlorellaceae）— 纤维藻属（*Ankistrodesmus*）

鉴别特征

单细胞，或 2 个、4 个、8 个、16 个或更多个细胞聚集成的群体；细胞呈纺锤形、针形、弓形、镰形或螺旋状等多种形状，直或弯曲，自中央向两端逐渐尖细，末端尖，罕为钝圆。

生境

此属物种常生于较肥沃的小型水体中。

采集地

长江流域挂弓山、江南沙嘴上、纳溪大渡口；金沙江流域石门子；岷江流域月波、麻柳坝、鱼尾坝。

纤维藻属

2.2 小球藻属（*Chlorella*）

分类地位

绿藻门（Chlorophyta）— 绿藻纲（Chlorophyceae）— 绿球藻目（Chlorococcales）— 小球藻科（Chlorellaceae）— 小球藻属（*Chlorella*）

鉴别特征

单细胞，小型，单生或聚集成群；细胞呈球形或椭圆形；细胞壁或薄或厚；色素体一个，杯状或片状，具 1 个蛋白核或无。

生境

此属物种在淡水和咸水中均有分布。

采集地

长江流域挂弓山、江南沙嘴上、纳溪大渡口；金沙江流域宝宁村、三块石、石门子；岷江流域月波、麻柳坝、鱼尾坝。

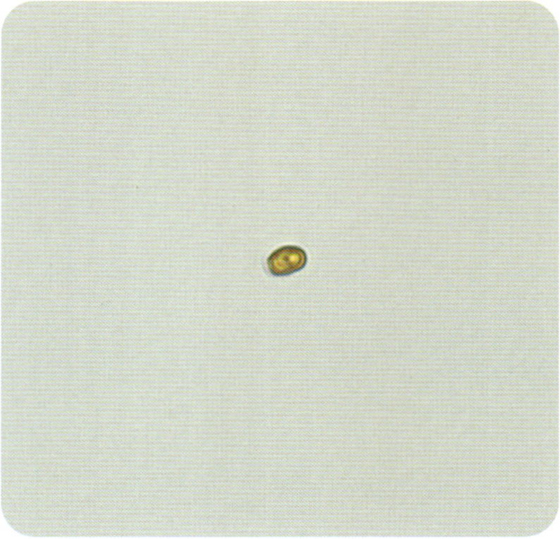

小球藻属

2.3 顶棘藻属（*Lagerheimiella*）

分类地位

绿藻门（Chlorophyta）— 绿藻纲（Chlorophyceae）— 绿球藻目（Chlorococcales）— 小球藻科（Chlorellaceae）— 顶棘藻属（*Lagerheimiella*）

鉴别特征

细胞呈椭圆形、卵形、柱状长圆形或扁球形，其两端或两端和中部具有对称排列的长刺；细胞壁薄；细胞内色素体周生，呈片状或盘状；无性生殖产生 2 个、4 个、8 个或更多的似亲孢子，似亲孢子自母细胞壁开裂处逸出。

生境

此属物种常见于小型淡水水体或半咸水水体中。

采集地

长江流域江南沙嘴上；金沙江流域宝宁村。

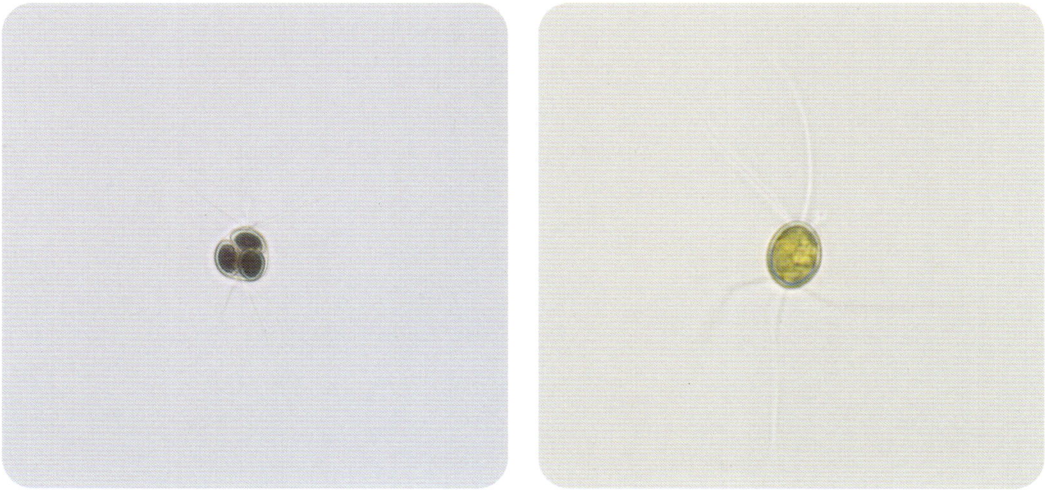

顶棘藻属

■2.4　四角藻属（*Tetraedron*）

分类地位

绿藻门（Chlorophyta）— 绿藻纲（Chlorophyceae）— 绿球藻目（Chlorococcales）— 小球藻科（Chlorellaceae）— 四角藻属（*Tetraedron*）

鉴别特征

单细胞；细胞扁平或呈角锥形，具有 3 个、4 个或 5 个角，角分叉或不分叉，角顶端的细胞壁常突出为刺。

生境

此属物种常见于水坑、池塘或湖泊等静水水体中。

采集地

长江流域挂弓山、江南沙嘴上、纳溪大渡口；金沙江流域宝宁村、石门子；岷江流域月波、麻柳坝。

四角藻属

■2.5　网球藻属（*Dictyosphaerium*）

分类地位

绿藻门（Chlorophyta）— 绿藻纲（Chlorophyceae）— 绿球藻目（Chlorococcales）— 网球藻科（Dictyosphaeraceae）— 网球藻属（*Dictyosphaerium*）

鉴别特征

植物体为原始定形群体；2 个、4 个、8 个细胞为一组，彼此分离，以母细胞壁分裂所形成的二分叉或四分叉胶质膜相连接，包被在一个透明的群体胶被内；细胞呈球形、卵形、椭圆形或肾形；色素体周生，1 个。

生境

此属物种生长在各种静水水体中。

采集地

岷江流域麻柳坝。

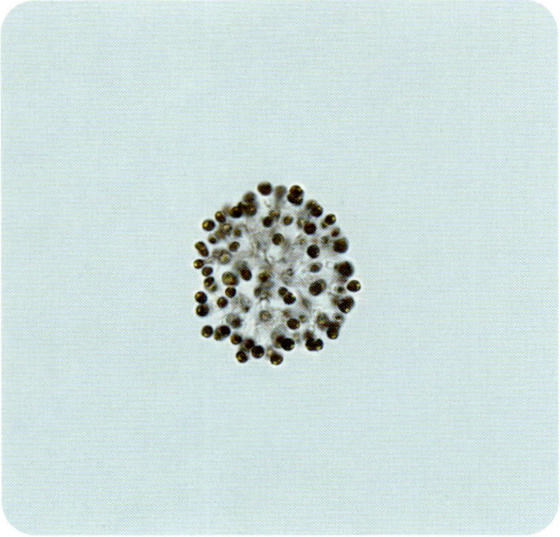

网球藻属

2.6 肾形藻属（*Nephrocytium*）

分类地位

绿藻门（Chlorophyta）— 绿藻纲（Chlorophyceae）— 绿球藻目（Chlorococcales）— 卵囊藻科（Oocystaceae）— 肾形藻属（*Nephrocytium*）

鉴别特征

为 2 个、4 个、8 个或 16 个细胞组成的群体，群体细胞包被在母细胞壁膨大胶化的胶被中，常呈螺旋状排列；细胞呈肾形、卵形、新月形、半球形、柱状长圆形或长椭圆形等，弯曲或略弯曲。

生境

此属物种多生长在小型水体和浅水湖泊中。

采集地

长江流域挂弓山。

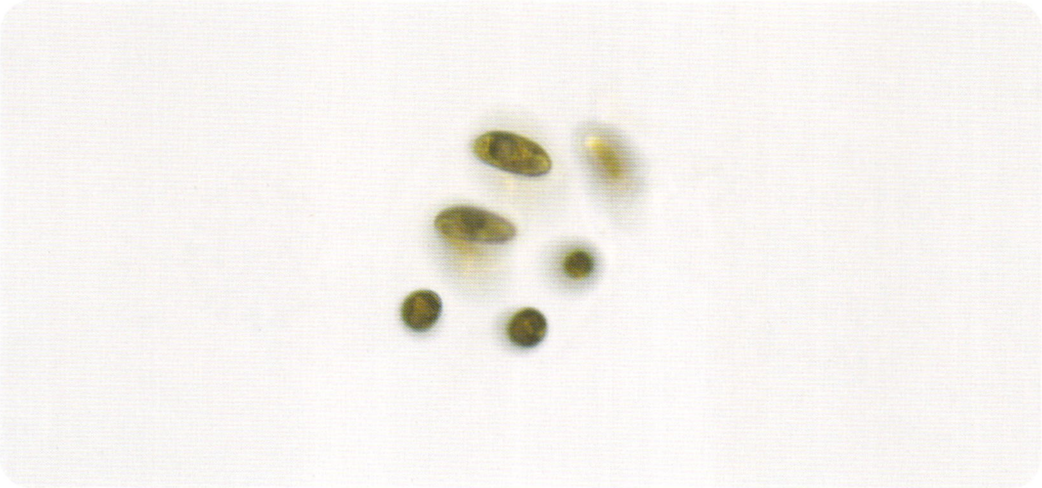

肾形藻属

2.7 卵囊藻属（*Oocystis*）

分类地位

绿藻门（Chlorophyta）— 绿藻纲（Chlorophyceae）— 绿球藻目（Chlorococcales）— 卵囊藻科（Oocystaceae）— 卵囊藻属（*Oocystis*）

鉴别特征

为单细胞或群体；群体常由 2 个、4 个、8 个或 16 个细胞组成，包被在部分胶化膨大的母细胞壁中；细胞呈椭圆形、卵形、纺锤形、长圆形、柱状长圆形等；细胞壁平滑，细胞两端常增厚成为短而粗的圆锥形突起；多具 1~5 个周生的片状或多角形的色素体。

生境

此属物种常见于有机质较丰富的小型水体和浅水湖泊中。

采集地

长江流域纳溪大渡口；金沙江流域三块石。

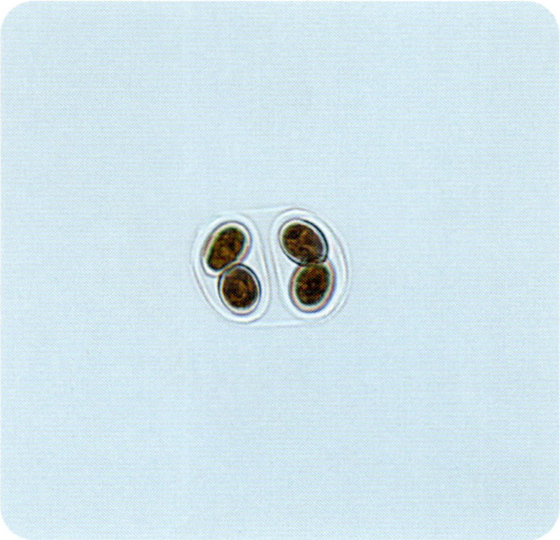

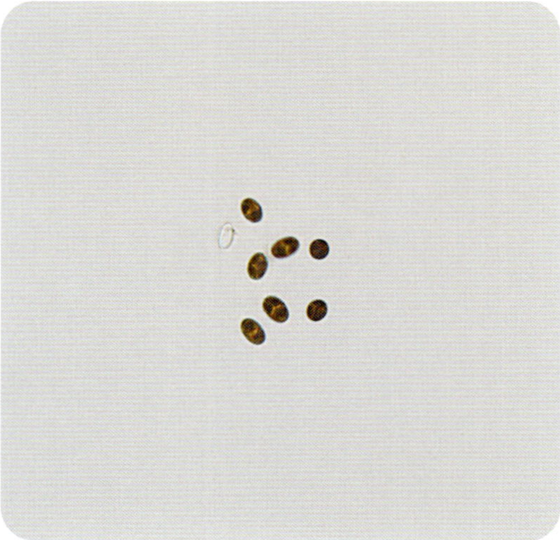

卵囊藻属

2.8 浮球藻属（*Planktosphaeria*）

分类地位

绿藻门（Chlorophyta）—绿藻纲（Chlorophyceae）—绿球藻目（Chlorococcales）—卵囊藻科（Oocystaceae）—浮球藻属（*Planktosphaeria*）

鉴别特征

为群体，没有固定的群体形态，细胞不规则地分布在均匀透明的胶被内；细胞球形，幼时具 1 个周生的杯状色素体，成熟后色素体分散为多角形或盘状。

生境

此属物种常见于湖泊及水库等水体中。

采集地

长江流域挂弓山；金沙江流域宝宁村、石门子。

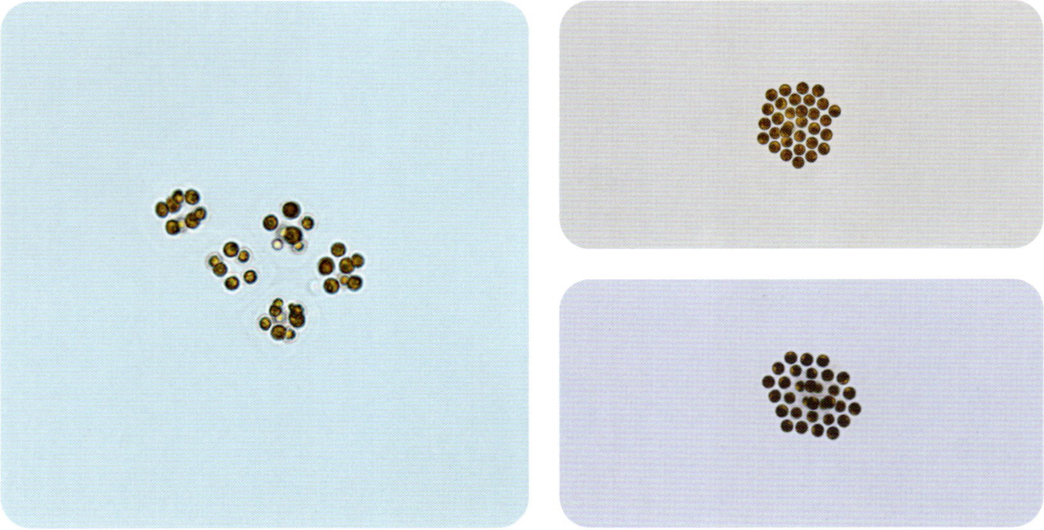

浮球藻属

2.9　盘星藻属（*Pediastrum*）

分类地位

绿藻门（Chlorophyta）— 绿藻纲（Chlorophyceae）— 绿球藻目（Chlorococcales）— 盘星藻科（Pediastraceae）— 盘星藻属（*Pediastrum*）

鉴别特征

为 2 个、4 个、8 个、16 个、32 个、64 个、128 个细胞排列成的 1 层定形群体，呈盘状、星状；群体边缘细胞常具 1 个、2 个或 4 个突起，群体内的细胞多角形，无突起。

生境

此属物种生长于池塘、水坑、湖泊、水库、稻田及沼泽等水体中。

采集地

长江流域挂弓山、江南沙嘴上；金沙江流域宝宁村、石门子；岷江流域麻柳坝。

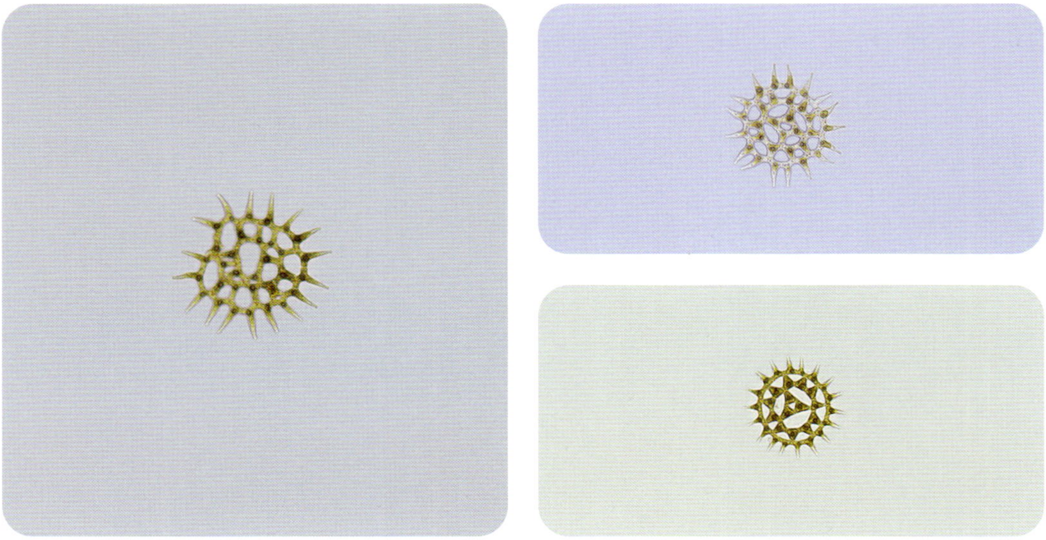

盘星藻属

2.10 集星藻属（*Actinastrum*）

分类地位

绿藻门（Chlorophyta）— 绿藻纲（Chlorophyceae）— 绿球藻目（Chlorococcales）— 栅藻科（Scenedesmaceae）— 集星藻属（*Actinastrum*）

鉴别特征

为真性定形群体，无胶被，由4个、8个或16个细胞组成；细胞以一端彼此连接，呈放射状排列；细胞为长纺锤形、长圆柱形，两端逐渐尖细或略狭窄，或一端平截、另一端逐渐尖细或略狭窄；色素体周生、片状。

生境

此属物种生长于池塘、湖泊及水库等水体中。

采集地

长江流域挂弓山；金沙江流域石门子；岷江流域月波。

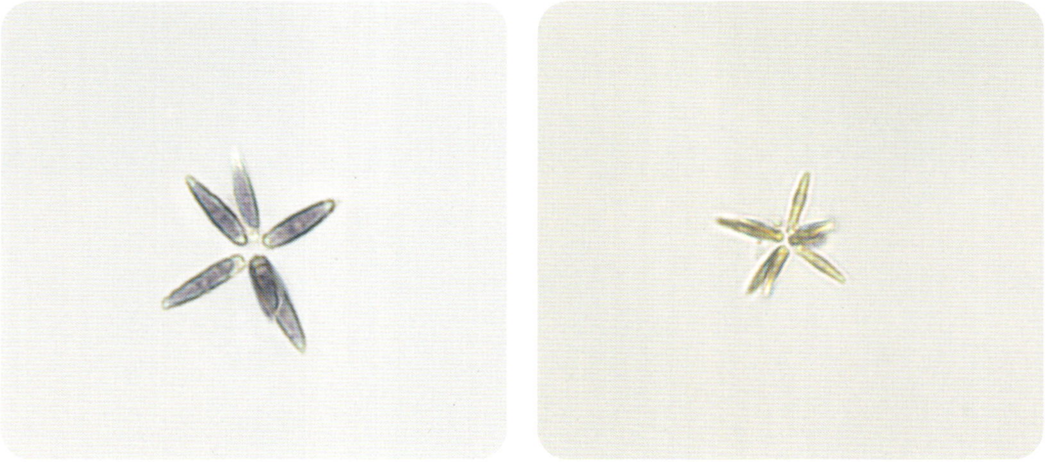

集星藻属

2.11　十字藻属（*Crucigenia*）

分类地位

绿藻门（Chlorophyta）— 绿藻纲（Chlorophyceae）— 绿球藻目（Chlorococcales）— 栅藻科（Scenedesmaceae）— 十字藻属（*Crucigenia*）

鉴别特征

为真性定形群体，由 4 个细胞“十”字形排列，镜面观椭圆形、卵形、方形或长方形，群体中央常具或大或小的方形空隙，常具不明显的群体胶被；细胞梯形、半圆形、椭圆形或三角形；色素体周生，片状，1 个。

生境

生长在湖泊、池塘等水体中，广泛分布。

采集地

长江流域纳溪大渡口；岷江流域鱼尾坝。

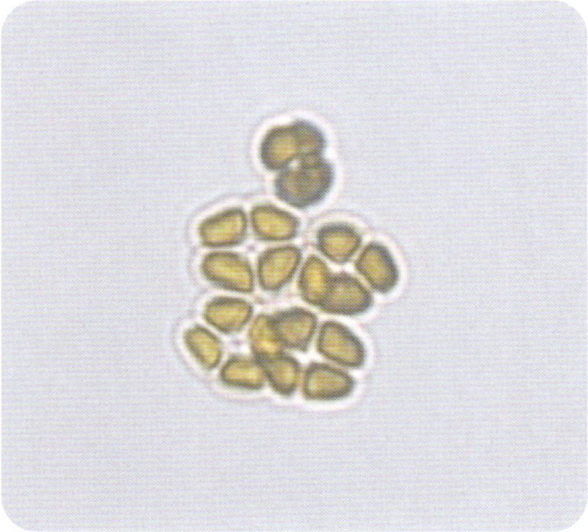
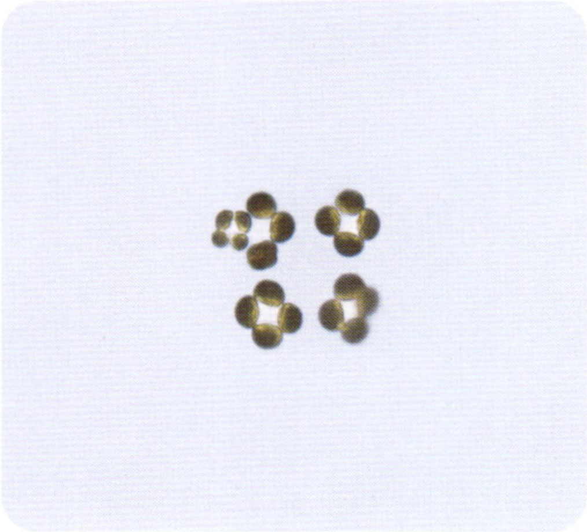

十字藻属

2.12　栅藻属（*Scenedesmus*）

分类地位

绿藻门（Chlorophyta）— 绿藻纲（Chlorophyceae）— 绿球藻目（Chlorococcales）— 栅藻科（Scenedesmaceae）— 栅藻属（*Scenedesmus*）

鉴别特征

为 2 个、4 个、8 个、16 个或 32 个细胞组成的栅状排列的群体，极少为单细胞；群体中各个细胞以其长轴互相平行，其细胞壁彼此连接，在一个平面上排成 1 列，相互平齐或相互交错，也有排成上下两列或多列的，罕见仅以细胞末端相接的，呈屈曲状；细胞呈椭圆形、卵形、弓形、新月形、纺锤形或长圆形等。

生境

此属物种为淡水常见藻类，在静水水体中更易生长。

采集地

长江流域挂弓山、江南沙嘴上、纳溪大渡口；金沙江流域三块石、石门子、宝宁村；岷江流域麻柳坝、鱼尾坝。

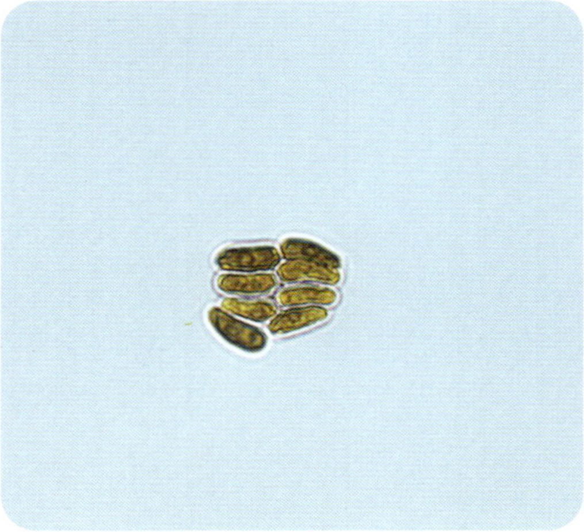

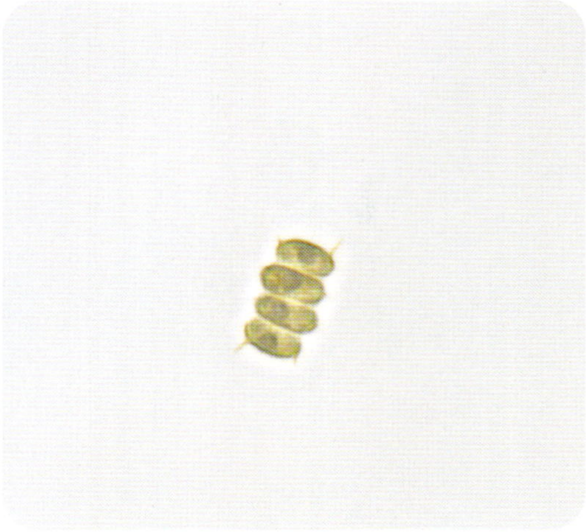

栅藻属

2.13　刚毛藻属（*Cladophora*）

分类地位

绿藻门（Chlorophyta）— 绿藻纲（Chlorophyceae）— 刚毛藻目（Cladophorales）— 刚毛藻科（Cladophoraceae）— 刚毛藻属（*Cladophora*）

鉴别特征

植物体着生，分枝丰富，分枝具顶端和基部的分化；分枝为丝状体，有互生型、对生型或其他型，宽度小于主枝；细胞圆柱形或膨大；色素体多个，周生。

生境

此属物种分布广泛，各种水体中均有发现，常作为轻度污染的指示生物。

采集地

岷江流域麻柳坝。

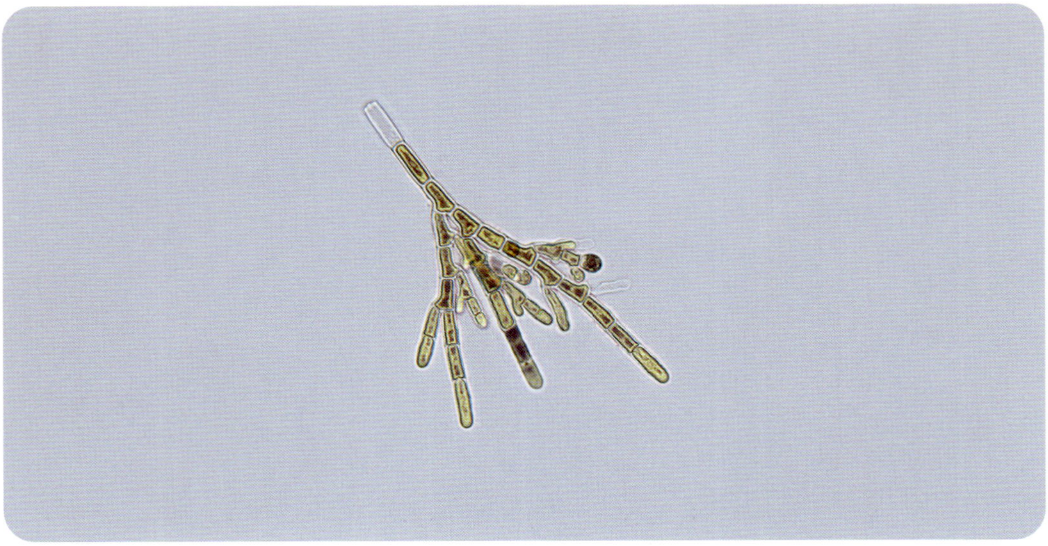

刚毛藻属

2.14 纺锤藻属（*Elakatothrix*）

分类地位

绿藻门（Chlorophyta）— 绿藻纲（Chlorophyceae）— 四孢藻目（Tetrasporales）— 胶球藻科（Coccomyxaceae）— 纺锤藻属（*Elakatothrix*）

鉴别特征

为 2 个、4 个、8 个或更多个细胞组成的群体，罕为单细胞；群体细胞纺锤形，其长轴略与群体长轴平行；色素体周生，片状。

生境

此属物种多生长在池塘、湖泊及水库等水体中。

采集地

岷江流域鱼尾坝。

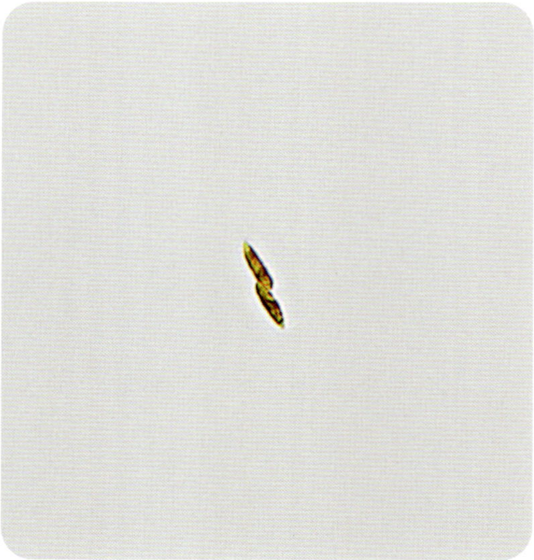

纺锤藻属

2.15 四鞭藻属（*Carteria*）

分类地位

绿藻门（Chlorophyta）— 绿藻纲（Chlorophyceae）— 团藻目（Volvocales）— 衣藻科（Chlamydomonadaceae）— 四鞭藻属（*Carteria*）

鉴别特征

单细胞，呈球形、心形、卵形、椭圆形等；细胞壁明显、平滑；细胞前端中央有或无乳头状突起，具4条等长的鞭毛，鞭毛基部具2个伸缩泡；色素体常为杯状，少数为“H”形或片状。

生境

此属物种常见于有机质丰富的小型水体或湖泊的浅水区域中。

采集地

岷江流域月波。

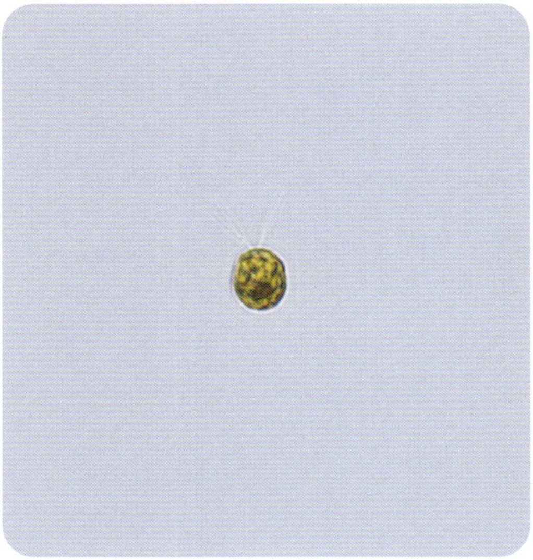

四鞭藻属

2.16 衣藻属（*Chlamydomonas*）

分类地位

绿藻门（Chlorophyta）— 绿藻纲（Chlorophyceae）— 团藻目（Volvocales）— 衣藻科（Chlamydomonadaceae）— 衣藻属（*Chlamydomonas*）

鉴别特征

单细胞，呈球形、卵形、椭圆形或宽纺锤形等；细胞壁平滑，不具或具胶被；具2条等长的鞭毛，鞭毛基部具1个或2个伸缩泡；有1个红色眼点；有1个大型色素体，色素体多为杯状，少数为片状、“H”形或星状。

生境

此属物种常见于有机质含量较高的小型水体或江河湖泊中。

采集地

岷江流域月波。

衣藻属

2.17　空球藻属（*Eudorina*）

分类地位

绿藻门（Chlorophyta）— 绿藻纲（Chlorophyceae）— 团藻目（Volvocales）— 团藻科（Volvocaceae）— 空球藻属（*Eudorina*）

鉴别特征

为16个、32个或64个衣藻型细胞(常为32个)组成的空心的球形或椭球形群体;细胞彼此分离，互相不挤压，排列在群体胶被周边；色素体为杯状。

生境

此属物种常见于有机质较丰富的水体中。

采集地

长江流域江南沙嘴上；金沙江流域宝宁村、石门子；岷江流域麻柳坝。

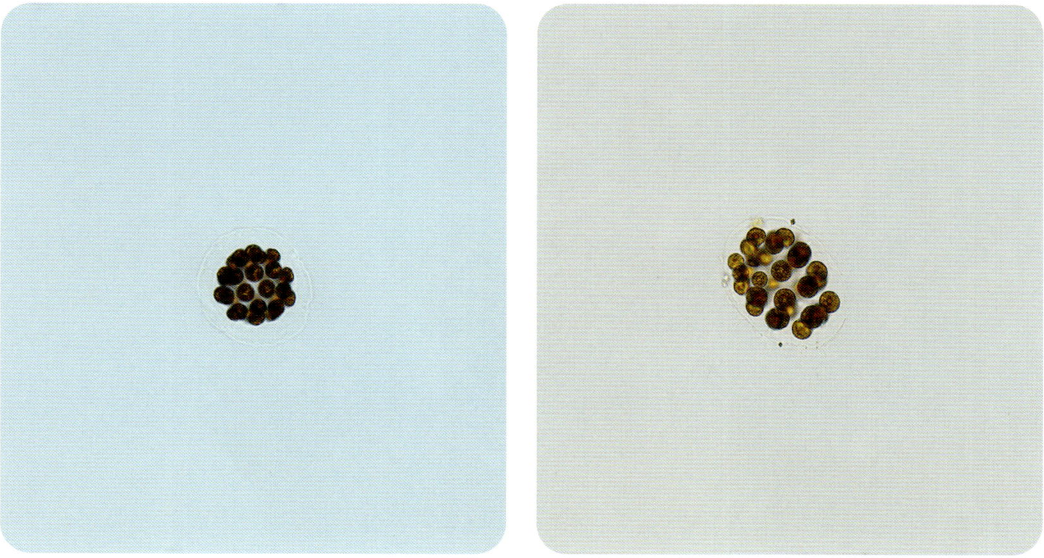

空球藻属

2.18 实球藻属（*Pandorina*）

分类地位

绿藻门（Chlorophyta）— 绿藻纲（Chlorophyceae）— 团藻目（Volvocales）— 团藻科（Volvocaceae）— 实球藻属（*Pandorina*）

鉴别特征

为 4 个、8 个、16 个或 32 个细胞 (常为 16 个，罕见 4 个) 组成的球形或椭圆形的群体；细胞排列很紧，常无间隙，通常细胞宽的一端向外，细胞前端中央具 2 条等长的鞭毛；色素体为杯状。

生境

此属物种常见于有机质含量较高的浅水湖泊和鱼池中。

采集地

长江流域纳溪大渡口；岷江流域月波。

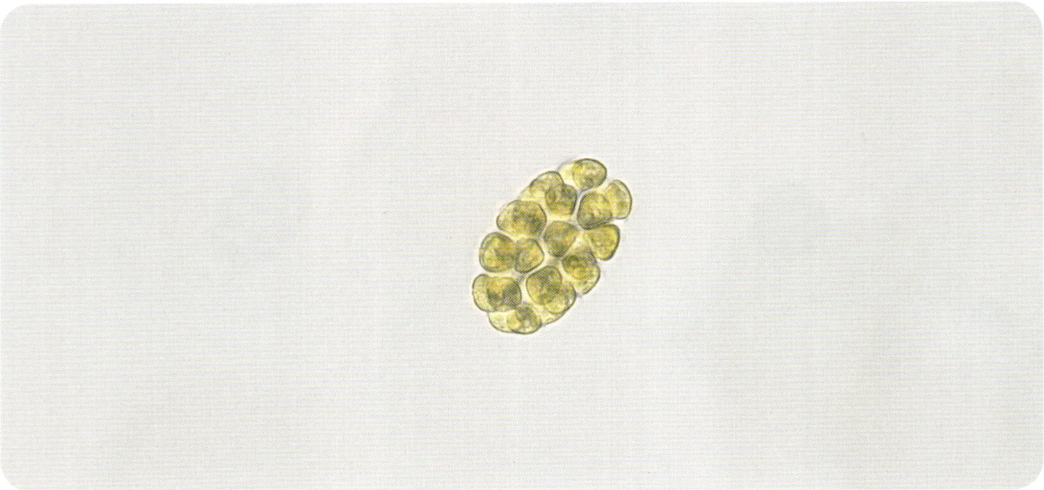

实球藻属

2.19　新月藻属（*Closterium*）

分类地位

绿藻门（Chlorophyta）— 双星藻纲（Zygnematophyceae）— 鼓藻目（Desmidiales）— 鼓藻科（Desmidiaceae）— 新月藻属（*Closterium*）

鉴别特征

单细胞；细胞呈新月形、弓形弯曲，少数平直，中部不凹入，顶部钝圆、喙状或逐渐尖细，细胞长为宽的 2 倍以上，其中部收缢不明显；每个半细胞具 1 个色素体，由 1 个至数个纵向脊片组成；细胞核位于 2 个色素体之间、细胞的中部。

生境

此属物种主要分布在水坑、池塘、湖泊、河流的静水河湾、水库或沼泽等水体中。

采集地

长江流域挂弓山；金沙江流域三块石、宝宁村。

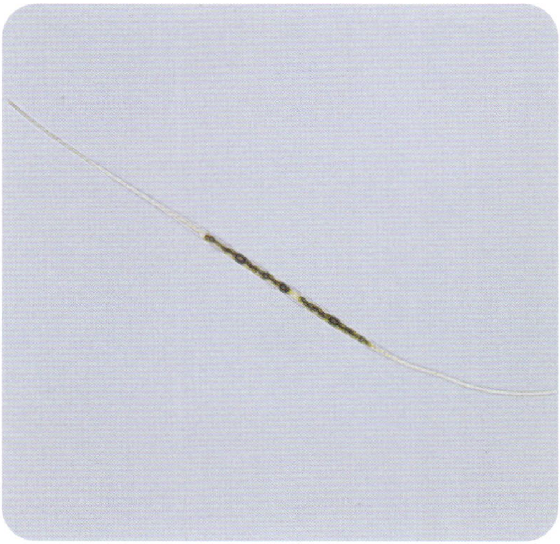

新月藻属

2.20 鼓藻属（*Cosmarium*）

分类地位

绿藻门（Chlorophyta）— 双星藻纲（Zygnematophyceae）— 鼓藻目（Desmidiales）— 鼓藻科（Desmidiaceae）— 鼓藻属（*Cosmarium*）

鉴别特征

单细胞，细胞大小变化很大，侧扁；半细胞正面观呈近圆形、半圆形、椭圆形、卵形、梯形、长方形或截顶角锥形等，顶缘圆、平直或平直圆形，绝大多数半细胞侧面观呈椭圆形或卵形，半细胞垂直面观呈椭圆形或卵形；细胞壁平滑，具点纹、圆孔纹、小孔、齿、瘤，或具一定方式排列的颗粒、乳头状突起等；细胞核位于两个半细胞之间的缢部。

生境

此属物种主要分布在偏酸性、贫营养的水坑、池塘、湖泊、水库、河流的沿岸带或沼泽中。

采集地

长江流域江南沙嘴上、纳溪大渡口；金沙江流域三块石、宝宁村、石门子；岷江流域麻柳坝、鱼尾坝。

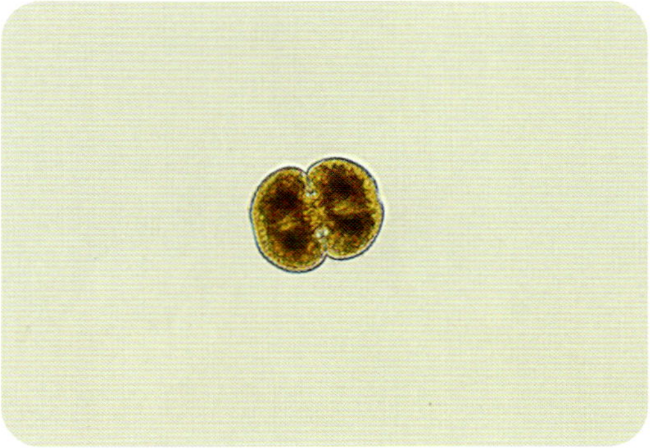
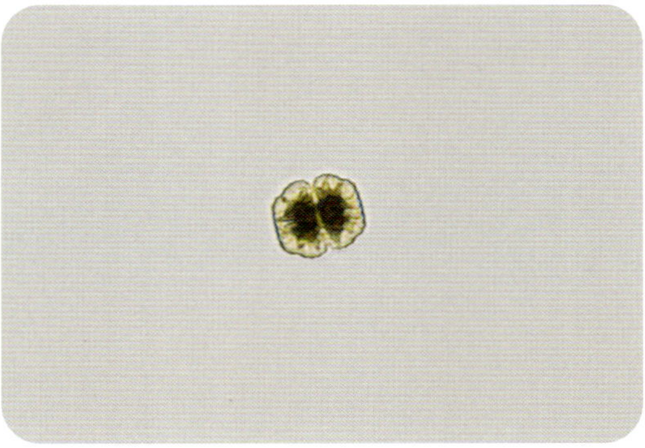

鼓藻属

2.21　角星鼓藻属（*Staurastrum*）

分类地位

绿藻门（Chlorophyta）— 双星藻纲（Zygnematophyceae）— 鼓藻目（Desmidiales）— 鼓藻科（Desmidiaceae）— 角星鼓藻属（*Staurastrum*）

鉴别特征

单细胞；细胞绝大多数辐射对称，大多缢缝深凹；许多种类的半细胞侧角长出或长或短的臂状突起，突起边缘一般呈波形，具有轮齿，顶端平或具有 3~5 个刺。

生境

此属物种生长于贫营养或中营养、偏酸性的水体中。

采集地

长江流域江南沙嘴上；金沙江流域宝宁村。

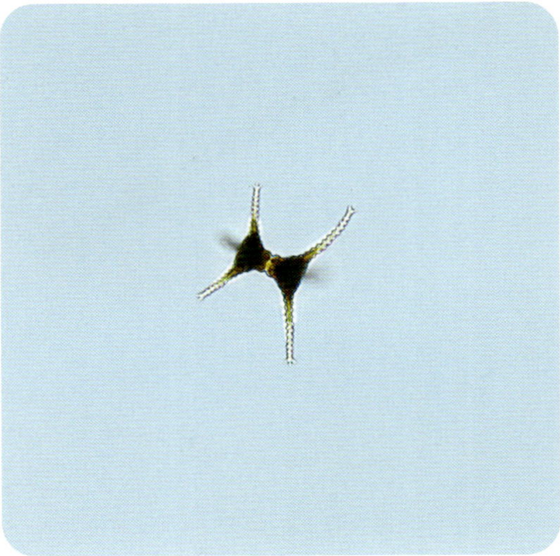

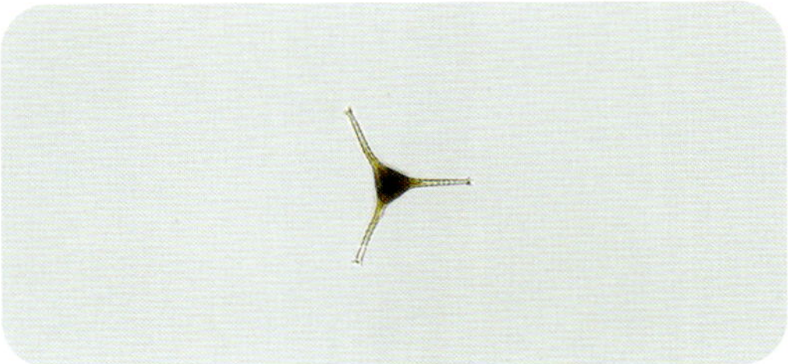

角星鼓藻属

2.22 水绵属（*Spirogyra*）

分类地位

绿藻门（Chlorophyta）—双星藻纲（Zygnematophyceae）—双星藻目（Zygnematales）—双星藻科（Zygnemataceae）—水绵属（*Spirogyra*）

鉴别特征

藻体为长而不分枝的丝状体；细胞呈圆柱形，细胞横壁有平直型、折叠型、半折叠型、束合型等 4 种类型；具有 1 ~ 16 条色素体，色素体周生、带状，沿细胞壁作螺旋盘绕，每条色素体具 1 列蛋白核。

生境

该属物种大量分布于池塘、沟渠、河流等水体中。

采集地

长江流域纳溪大渡口；金沙江流域宝宁村；岷江流域月波。

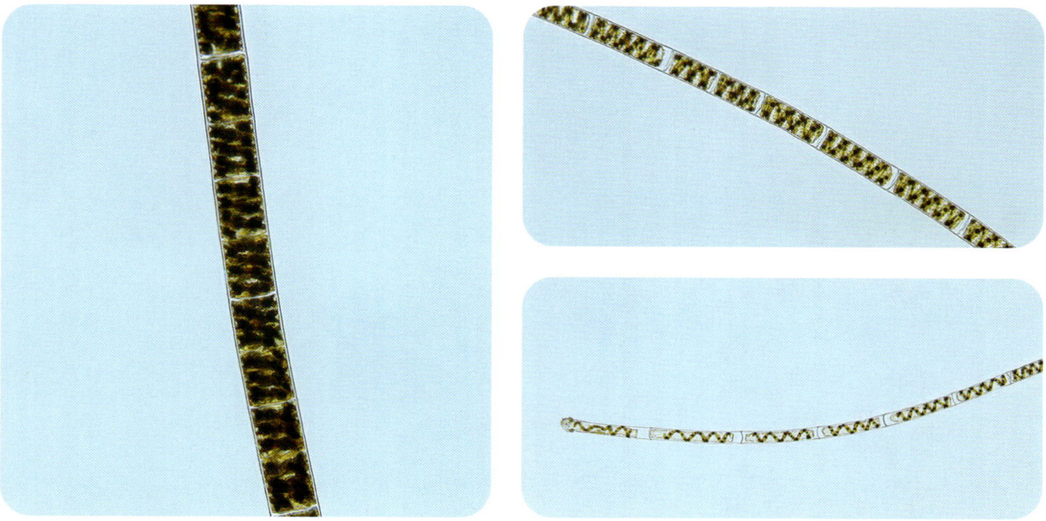

水绵属

第 3 章

硅藻门
(Bacillariophyta)

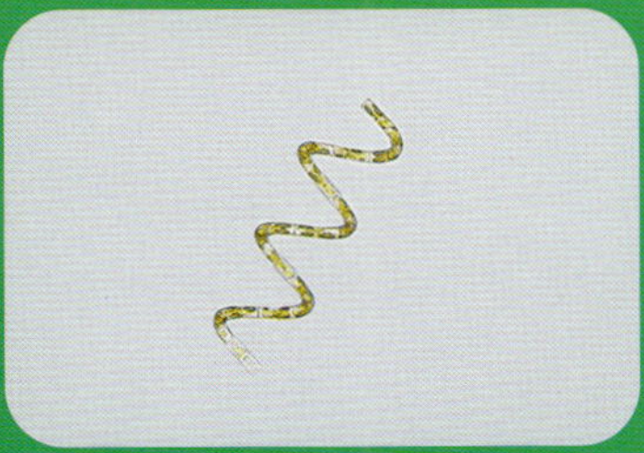

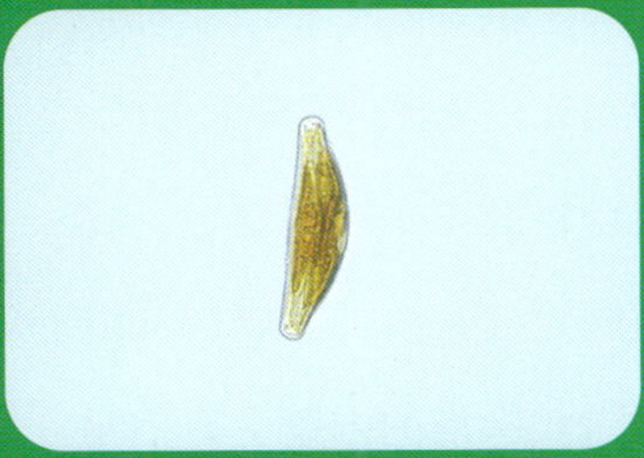
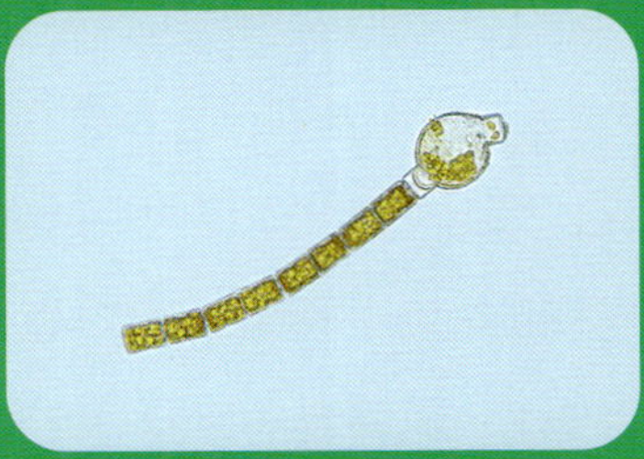
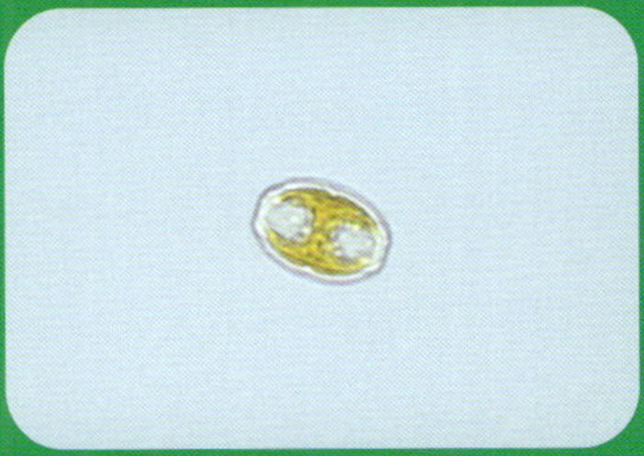

硅藻门（Bacillariophyta）

硅藻是水生动物的主要食料，分布广泛，常生长在淡水、半咸水、海水中，以及湿土、岩石、树皮等表面。硅藻一年四季都能生长繁殖，且能形成优势种群，条件合适时在一些富营养水体中还可能暴发水华。常见的硅藻水华优势藻包括小环藻、针杆藻、脆杆藻等。

硅藻通常为单细胞，或由多个细胞连成缝状、带状、丛状、放射状等群体。藻体细胞壁常含硅质，硅质壁上常有排列规则的花纹。细胞壁上复杂的硅质结构称为壳体。壳体由上壳和下壳组成，上下两壳都由盖板和缘板两部分组成，以壳环套合形成 1 个硅藻细胞，垂点面为壳面，水平面为带面。细胞带面多为长方形、鼓形、圆柱形；壳面呈圆形、三角形、多角形、卵形、线形、披针形、菱形、舟形、新月形、弓形、“S”形等，呈辐射对称或两侧对称。壳面上常见由细胞壁上的许多小孔紧密或较稀疏排列而成的线纹，线纹由中心向四周放射状排列或平行排列、近平行排列。壳面的边缘纵走的突起，称为龙骨。壳面中部或偏于一侧具 1 个纵向的无纹平滑区，称为中轴区。中轴区中部横线纹较短，形成面积较大的中央区。中央区中部，壳内壁增厚形成中央节；中央节两侧，沿中轴区中部有 1 条纵向的裂缝，称为壳缝。壳缝两端的壳内壁各有 1 个增厚部分，称为极节。有的种类无壳缝，仅有较狭窄的中轴区，该区域称为假壳缝；有的种类的壳缝是 1 条纵走的或围绕壳缘的“管沟”，以极狭的裂缝与外界相通，管沟的内壁上有数量不等的小孔与细胞内部相连，该结构称为管壳缝。壳缝与运动有关。

硅藻细胞的色素体为小圆盘状、片状、星状，有 1 个、2 个或多个。其色素体中主要含有叶绿素 a 和叶绿素 c、β - 胡萝卜素以及墨角藻黄素、硅藻黄素，呈黄绿色或黄褐色。有些种类具无淀粉鞘裸露的蛋白核，光合作用产物主要是金藻昆布糖和脂肪。

本图谱收录了宜宾市三江干流常见硅藻 2 纲 6 目 9 科 22 属。

3.1　四棘藻属（*Attheya*）

分类地位

硅藻门（Bacillariophyta）—中心纲（Centricae）—盒形藻目（Biddulphiales）—盒形藻科（Biddulphicaceae）—四棘藻属（*Attheya*）

鉴别特征

由单细胞或 2 ~ 3 个细胞连成的暂时性的短链状群体；细胞扁圆柱形；细胞壁极薄，平滑或具通常难以分辨的细点纹；壳面扁椭圆形，中部凹入，两端各有两个角状突起，每个角状突起延长成 1 根粗而长的刺，带面长方形，具许多半环状间生带，末端楔形，无隔片；色素体圆盘形，多个。

生境

此属物种生长于河流、水库、池塘及富营养型湖泊中。

采集地

金沙江流域三块石、石门子、宝宁村；岷江流域月波、鱼尾坝。

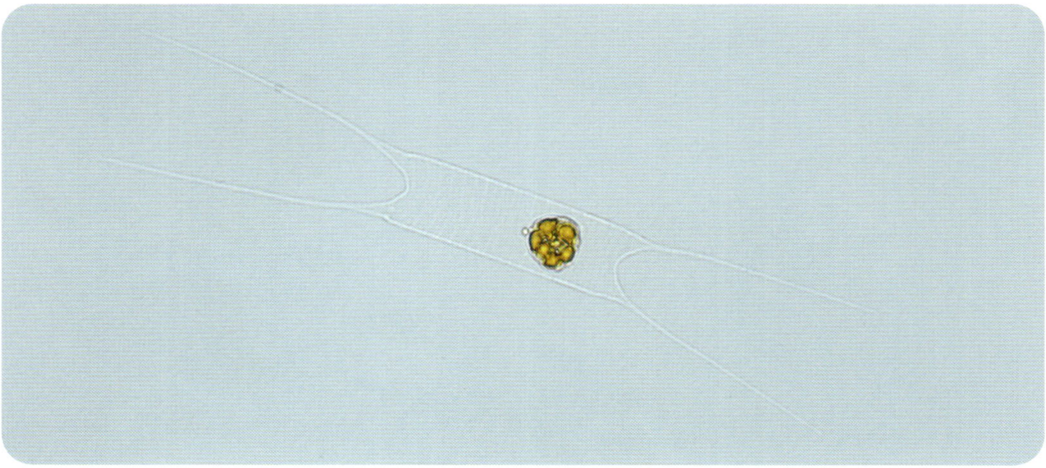

四棘藻属

3.2 水链藻属（*Hydrosera*）

分类地位

硅藻门（Bacillariophyta）—中心纲（Centricae）—盒形藻目（Biddulphiales）—盒形藻科（Biddulphicaceae）—水链藻属（*Hydrosera*）

鉴别特征

为细胞连成的疏散群体；壳体长盒形，壳套上具与壳面相同的粗网孔，环带上具细网孔；壳面三角形，具 3 个伸出的角隅，形似六角形，每个角隅的末端呈钝圆形至截形，角隅上具细网孔；色素体小颗粒状，多个。

生境

此属物种多为海水生或半咸水生，亦有淡水生。

采集地

长江流域挂弓山、纳溪大渡口；金沙江流域宝宁村、石门子；岷江流域月波、麻柳坝。

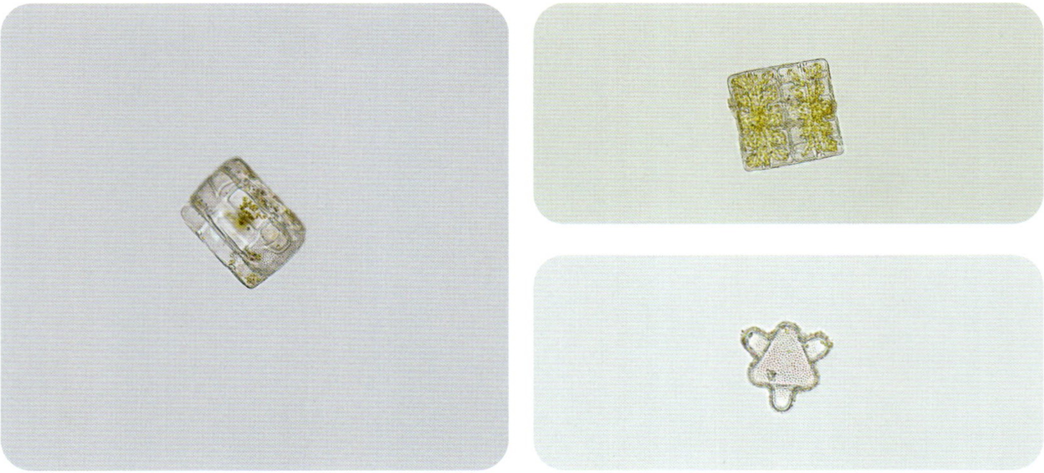

水链藻属

3.3 小环藻属（*Cyclotella*）

分类地位

硅藻门（Bacillariophyta)—中心纲（Centricae）—圆筛藻目（Coscinodiscales）—圆筛藻科（Coscinodiscaceae）—小环藻属（*Cyclotella*）

鉴别特征

为单细胞或多个细胞连接而成的疏松的链状群体；细胞圆盘形或鼓形；壳面圆形，少数为椭圆形，壳面细胞边缘区具辐射状线纹或肋纹，中央区平滑或具点纹、斑纹，部分种类壳缘具小棘；少数种类带面具间生带。

生境

此属物种分布广泛，常见于河流、湖泊中。

采集地

长江流域挂弓山、江南沙嘴上、纳溪大渡口；金沙江流域宝宁村、三块石、石门子；岷江流域月波、麻柳坝、鱼尾坝。

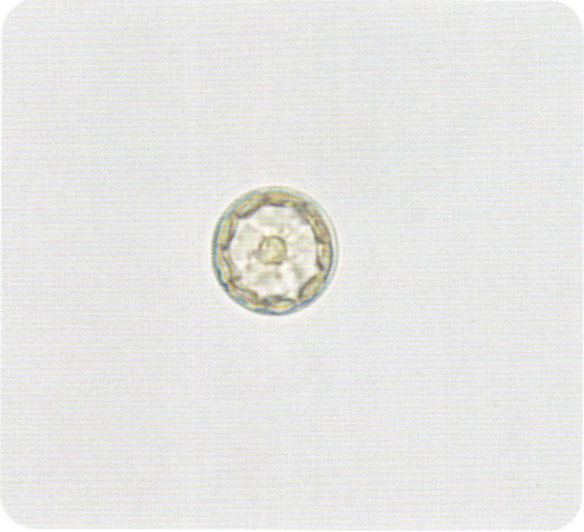
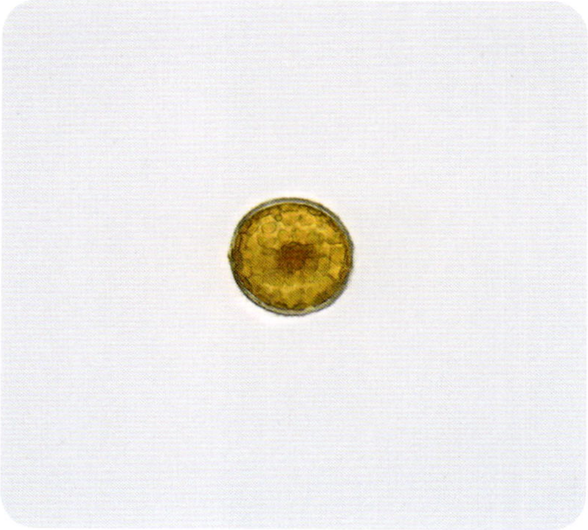

小环藻属

3.4 直链藻属（*Melosira*）

分类地位

硅藻门（Bacillariophyta）—中心纲（Centricae）—圆筛藻目（Coscinodiscales）—圆筛藻科（Coscinodiscaceae）—直链藻属（*Melosira*）

鉴别特征

常为细胞的壳面相互连成的链状群体；细胞圆柱形，极少数为圆盘形、椭圆形或球形；壳面圆形，带面上有一个线形的环状缢缩。

生境

此属物种生长于透明度较高的池塘、沟渠、浅水湖泊及水流缓慢的溪流中。

采集地

长江流域挂弓山、江南沙嘴上、纳溪大渡口；金沙江流域宝宁村、三块石、石门子；岷江流域月波、麻柳坝、鱼尾坝。

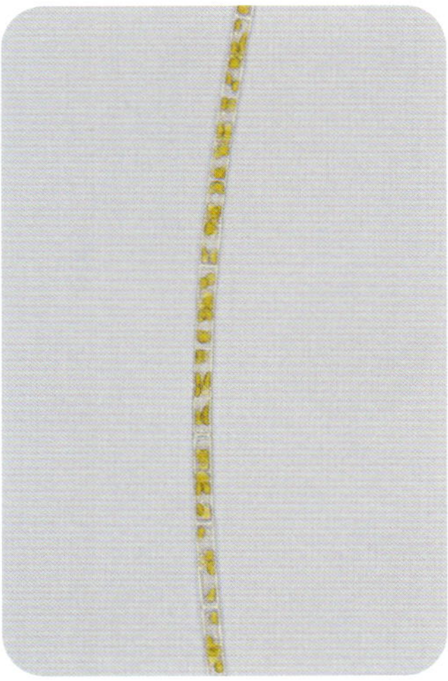

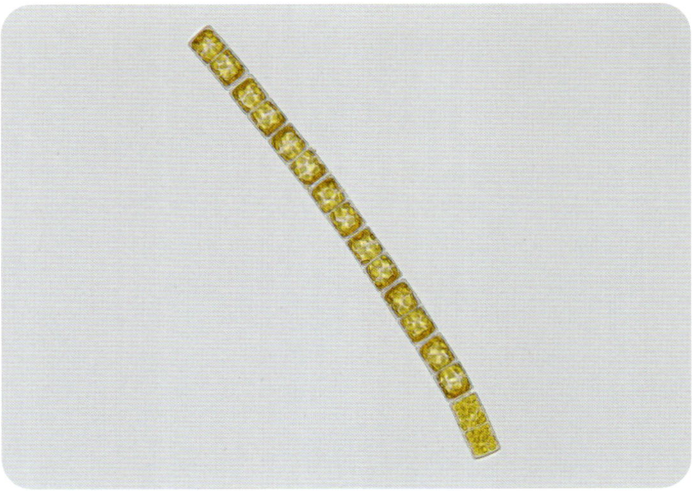

直链藻属

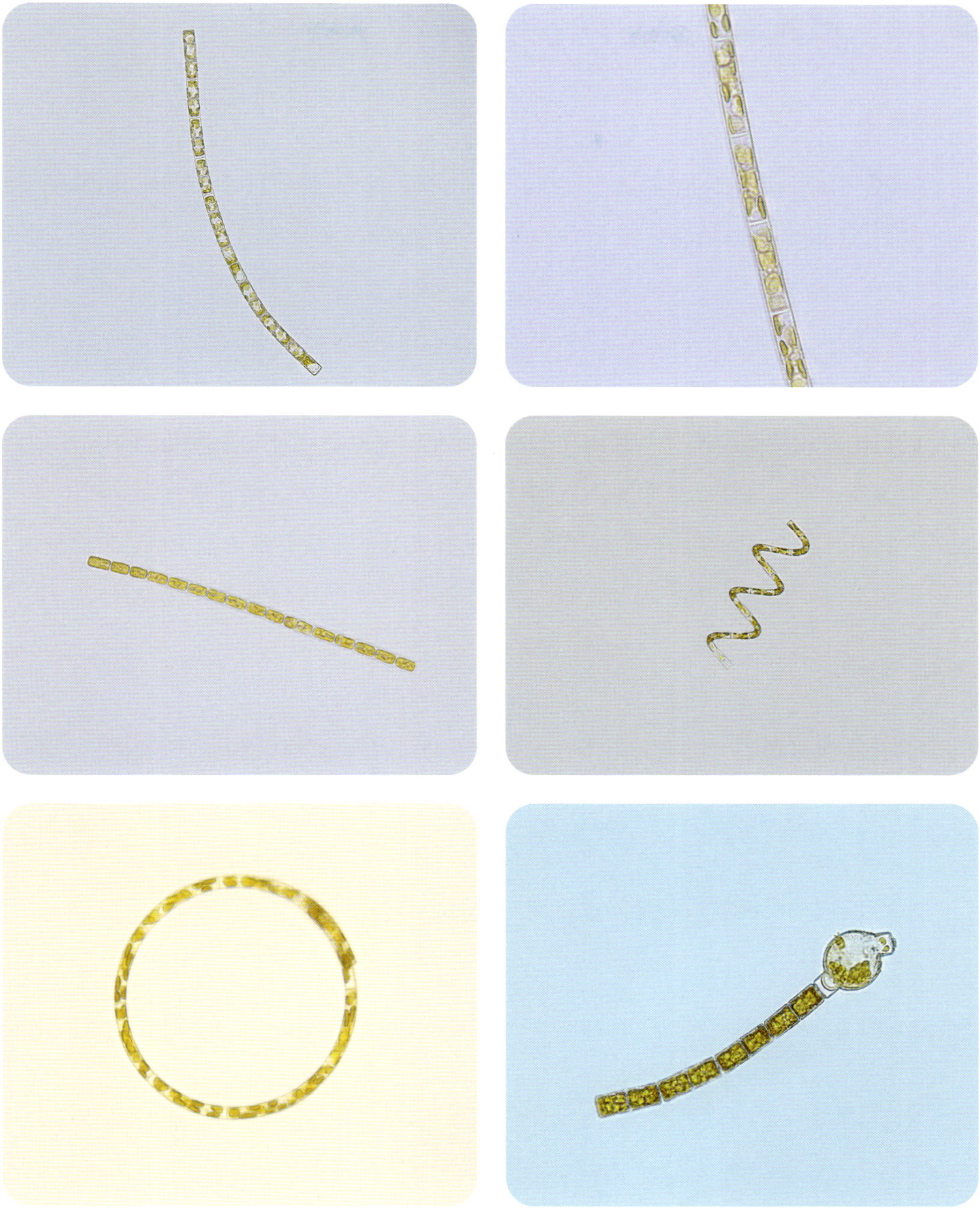

直链藻属

3.5 冠盘藻属（*Stephanodiscus*）

分类地位

硅藻门（Bacillariophyta）—中心纲（Centricae）—圆筛藻目（Coscinodiscales）—圆筛藻科（Coscinodiscaceae）—冠盘藻属（*Stephanodiscus*）

鉴别特征

为单细胞或多个细胞连成的链状群体；壳面圆盘形，少数为鼓形、柱形，壳面纹饰为成束辐射状排列的网孔，其内壳面具有筛膜，壳面边缘处每束网孔为 2 ~ 5 列，中部为单列，网孔束在壳面中央不规则排列或形成玫瑰纹区，网孔束之间具辐射无纹区，每个辐射无纹区或相隔数个辐射无纹区后在壳套的末端处具 1 根短刺；带面平滑，具少数间生带；色素体小盘状，数个，较大且呈不规则形状的仅 1 个或 2 个。

生境

生长在浅水湖泊、沟渠、沼泽、水库、池塘，以及水流缓慢的河流及溪流之中。

采集地

长江流域纳溪大渡口；金沙江流域三块石、石门子。

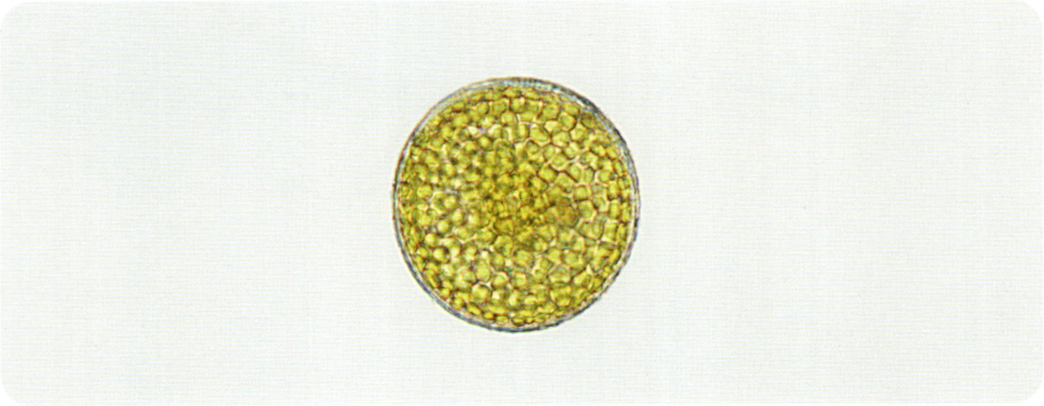

冠盘藻属

■3.6 星杆藻属（*Asterionella*）

分类地位

硅藻门（Bacillariophyta）—羽纹纲（Pennatae）—无壳缝目（Araphidiales）—脆杆藻科（Fragilariaceae）—星杆藻属（*Asterionella*）

鉴别特征

细胞呈棒状，常以一端相连形成星状、螺旋状群体；壳面线形，末端头状膨大，一端比另一端大，沿长轴对称。

生境

此属物种分布广泛，淡水和海水中均有分布。

采集地

长江流域挂弓山、江南沙嘴上、纳溪大渡口；金沙江流域三块石、石门子、宝宁村；岷江流域月波、麻柳坝、鱼尾坝。

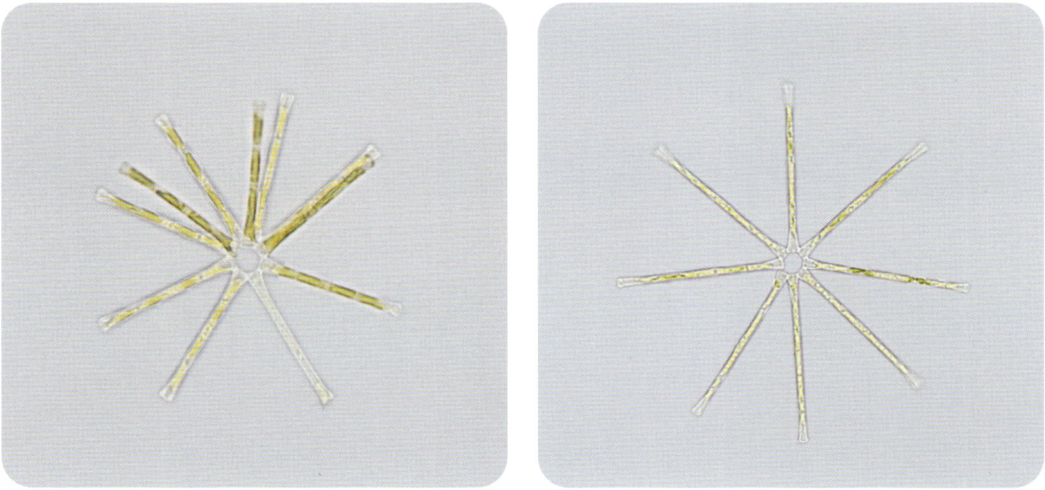

星杆藻属

3.7　等片藻属（*Diatoma*）

分类地位

硅藻门（Bacillariophyta）—羽纹纲（Pennatae）—无壳缝目（Araphidiales）—脆杆藻科（Fragilariaceae）—等片藻属（*Diatoma*）

鉴别特征

细胞常连成带状或锯齿状群体；壳面呈披针形或线形，有的种类两端略膨大；带面呈长方形，具 1 条到多条间生带，无隔膜；壳面和带面均具肋纹和细线纹。

生境

此属物种常见于淡水或半咸水中。

采集地

长江流域挂弓山、江南沙嘴上、纳溪大渡口；金沙江流域三块石、石门子；岷江流域月波、麻柳坝、鱼尾坝。

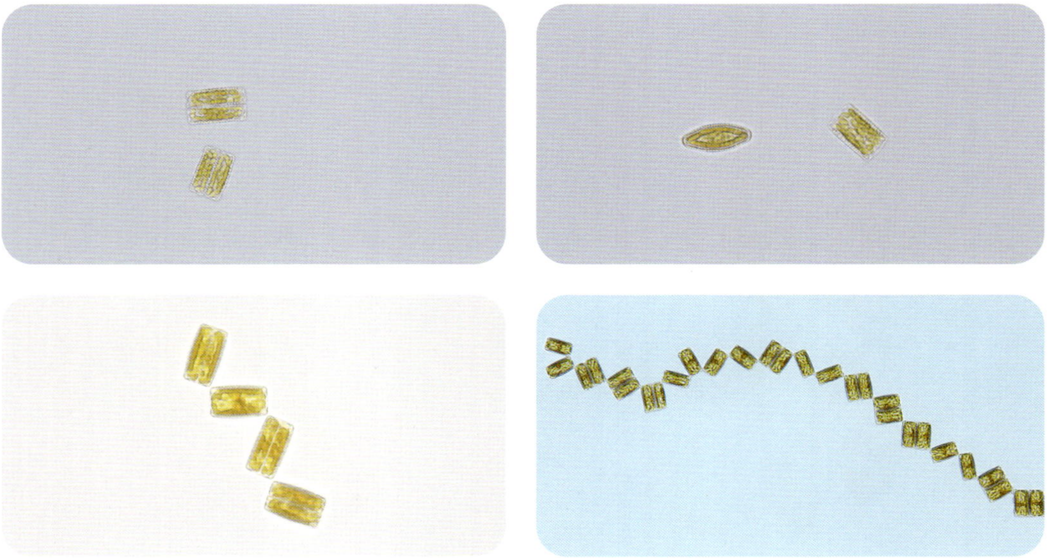

等片藻属

3.8 脆杆藻属（*Fragilaria*）

分类地位

硅藻门（Bacillariophyta）—羽纹纲（Pennatae）—无壳缝目（Araphidiales）—脆杆藻科（Fragilariaceae）—脆杆藻属（*Fragilaria*）

鉴别特征

细胞以壳面相互连成带状群体，或以每个细胞的一端相连成“Z”状群体；壳面细长线形、长披针形、披针形到椭圆形，两侧对称，边缘略膨大或缢缩，两侧逐渐狭窄，末端钝圆而呈小头状、喙状；上、下壳的假壳缝狭，线形或宽披针形，其两侧具横点状线纹；带面长方形，一般无间生带和隔膜。

生境

此属物种常见于淡水或半咸水中。

采集地

长江流域挂弓山、江南沙嘴上、纳溪大渡口；金沙江流域三块石、石门子；岷江流域月波、麻柳坝、鱼尾坝。

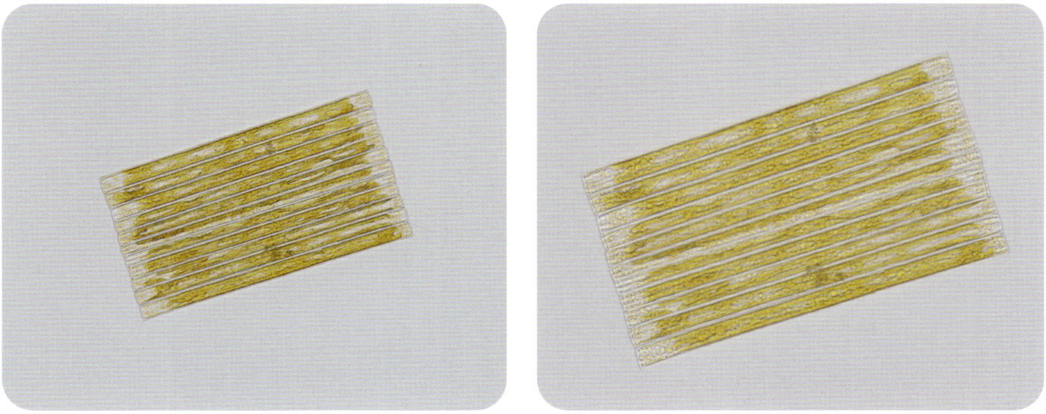

脆杆藻属

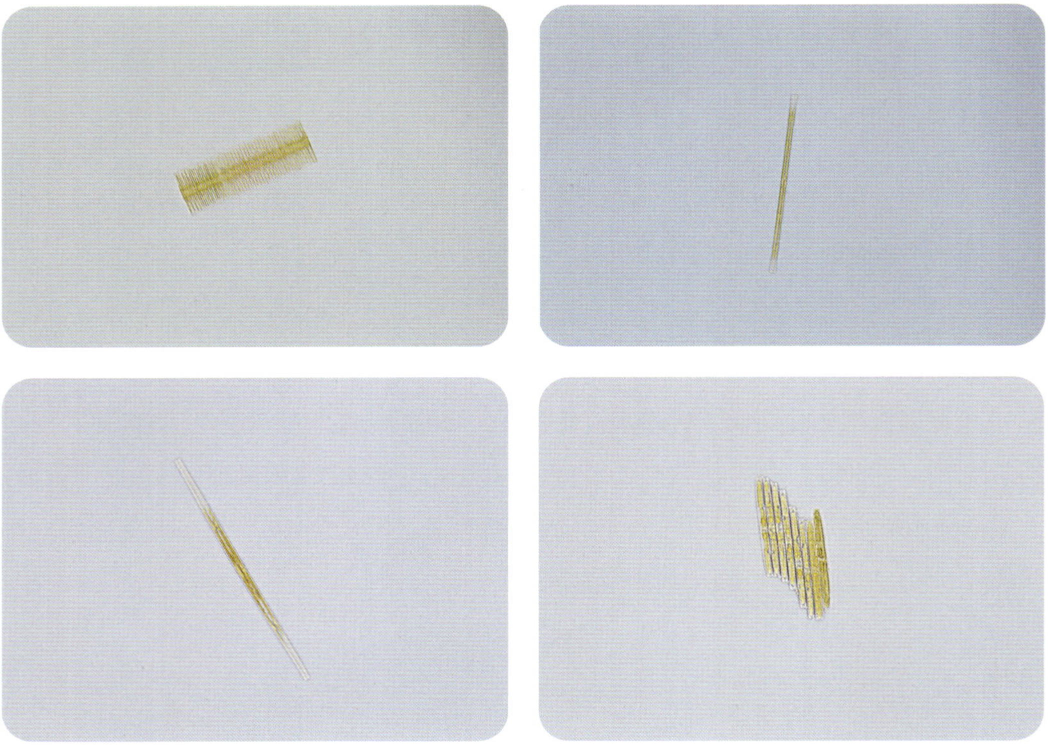

脆杆藻属

■3.9 针杆藻属（*Synedra*）

分类地位

硅藻门（Bacillariophyta）—羽纹纲（Pennatae）—无壳缝目（Araphidiales）—脆杆藻科（Fragilariaceae）—针杆藻属（*Synedra*）

鉴别特征

为单细胞或呈扇形、放射状的群体；细胞长线形；壳面线形或长披针形，其中部向两端逐渐狭窄或等宽，末端钝圆或呈小头状，壳面中部常无花纹；假壳缝狭、线形，其两侧具横线纹或点纹；带面长方形，末端截形，具明显的线纹。

生境

此属物种分布广泛，生活在淡水和咸水中。

采集地

长江流域挂弓山、江南沙嘴上、纳溪大渡口；金沙江流域三块石、石门子、宝宁村；岷江流域月波、麻柳坝、鱼尾坝。

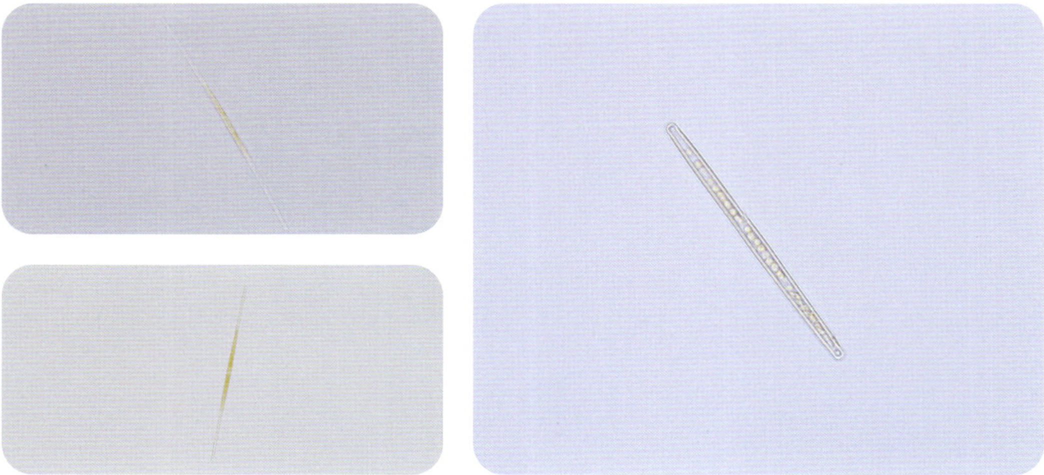

针杆藻属

3.10 菱板藻属（*Hantzschia*）

分类地位

硅藻门（Bacillariophyta）—羽纹纲（Pennatae）—管壳缝目（Aulonoraphidinales）—菱形藻科（Nitzschiaceae）—菱板藻属（*Hantzschia*）

鉴别特征

单细胞；细胞纵长，呈直线或“S”形；壳面弓形、线形或椭圆形，两端尖形、渐尖或近喙状，具横线纹；壳面的一侧边缘具龙骨突，龙骨突上具管壳缝，上、下两壳的龙骨突彼此平行相对，具小的中央节和极节；带面矩形，两端截形。

生境

生长在稻田、水坑、池塘、湖泊、水库、河流、沼泽等生境中。

采集地

长江流域江南沙嘴上；金沙江流域宝宁村。

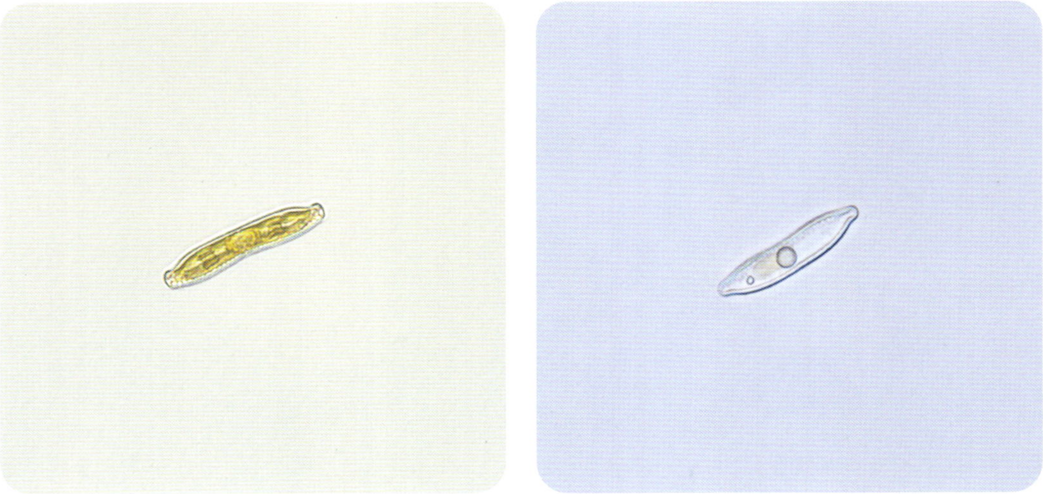

菱板藻属

3.11 菱形藻属（*Nitzschia*）

分类地位

硅藻门（Bacillariophyta）—羽纹纲（Pennatae）—管壳缝目（Aulonoraphidinales）—菱形藻科（Nitzschiaceae）—菱形藻属（*Nitzschia*）

鉴别特征

细胞纵长，呈直线形或“S”形；壳面线形、披针形，罕为椭圆形，两端渐尖或钝，末端楔形、喙状、头状或尖圆形，具横线纹；壳面的一侧具龙骨突，龙骨突上具管壳缝，上、下两个壳的龙骨突彼此交叉相对，具小的中央节和极节；壳面和带面不成直角，横断面呈菱形；色素体侧生，带状。

生境

此属物种广泛分布于各种水体中。

采集地

长江流域挂弓山、江南沙嘴上、纳溪大渡口；金沙江流域宝宁村、三块石、石门子；岷江流域月波、麻柳坝、鱼尾坝。

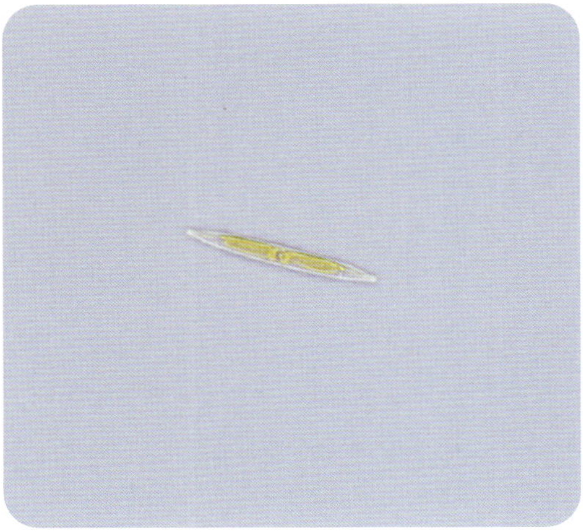
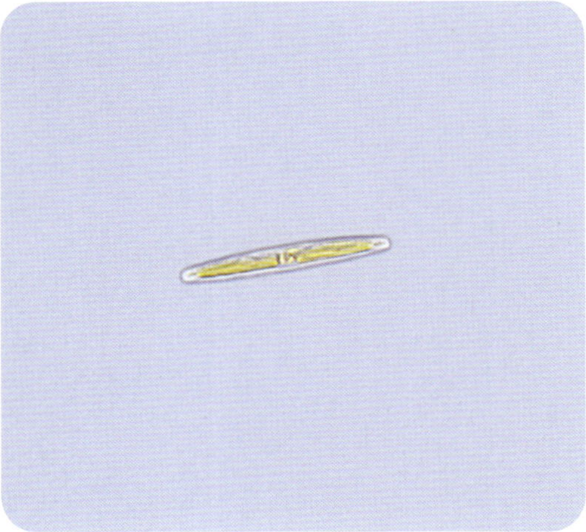

菱形藻属

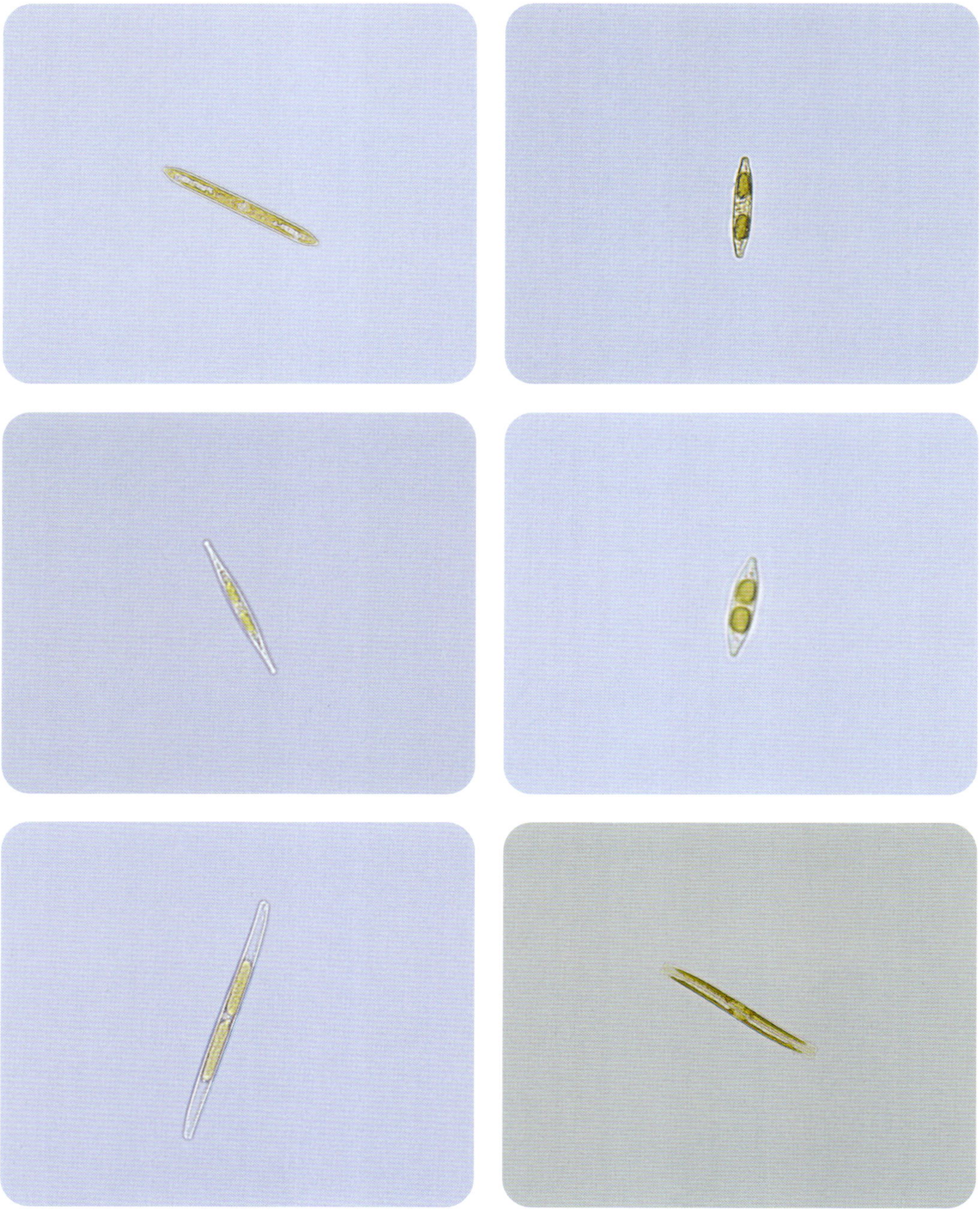

菱形藻属

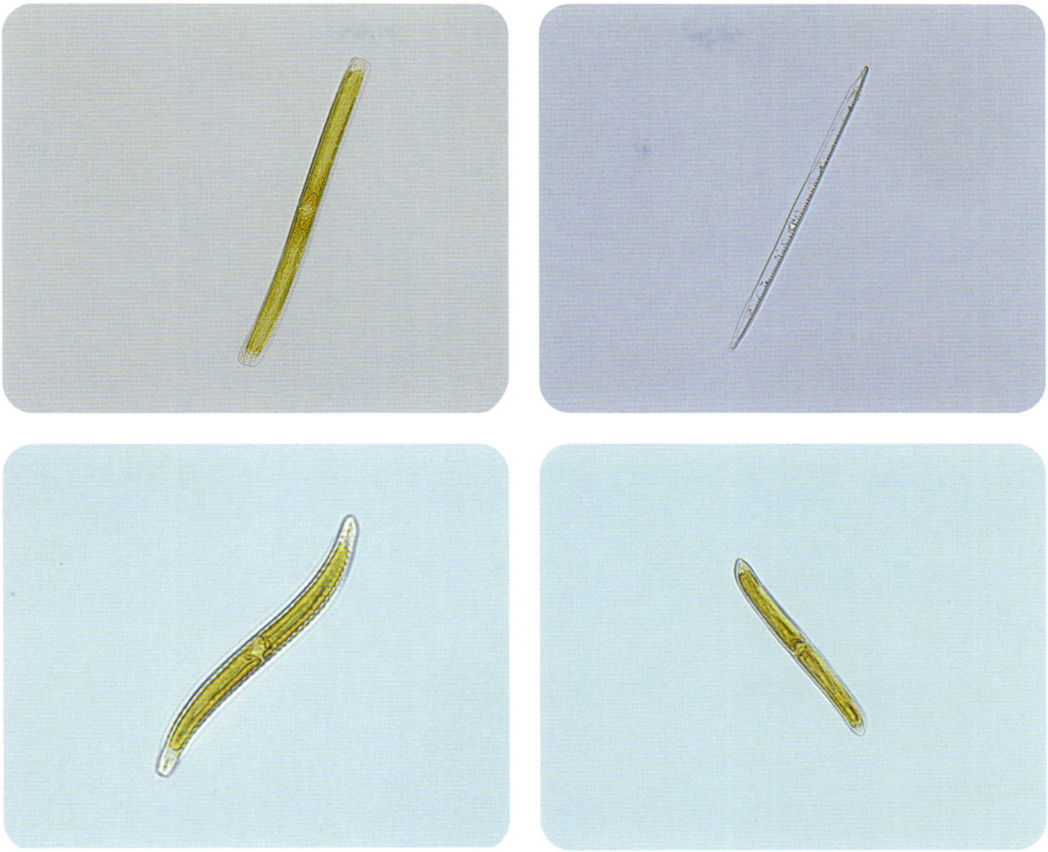

菱形藻属

3.12 波缘藻属（*Cymatopleura*）

分类地位

硅藻门（Bacillariophyta）—羽纹纲（Pennatae）—管壳缝目（Aulonoraphidinales）—双菱藻科（Surirellaceae）—波缘藻属（*Cymatopleura*）

鉴别特征

壳面椭圆形或纺锤形，呈横向的上下波状起伏，具粗的横肋纹；上、下两个壳面边缘具龙骨突，龙骨突上具管壳缝；壳体无间生带，无隔膜；带面矩形或楔形，两侧具明显的波状皱褶。

生境

此属物种多为单细胞浮游类型，生活在淡水和半咸水中。

采集地

岷江流域月波、麻柳坝。

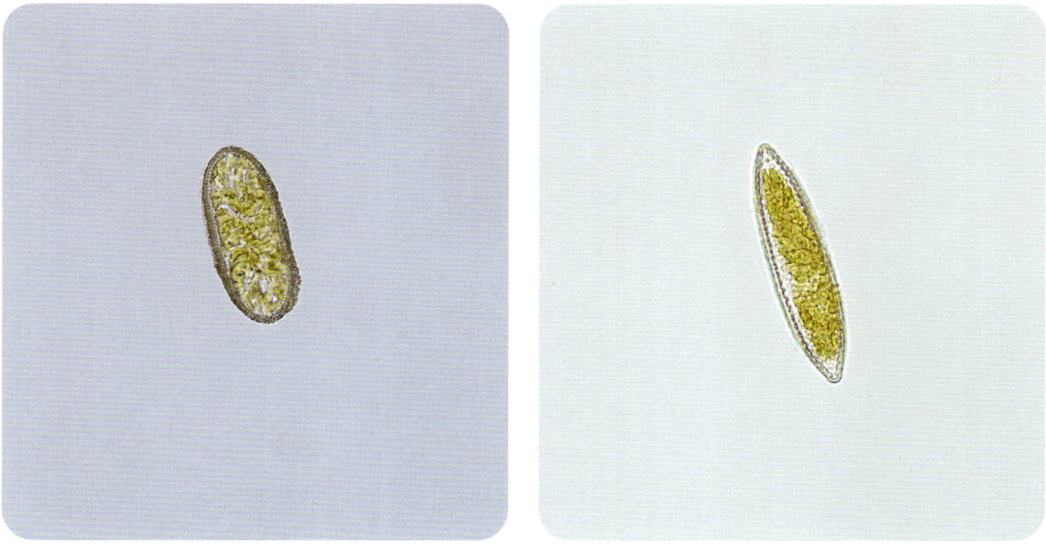

波缘藻属

3.13　双菱藻属（*Surirella*）

分类地位

硅藻门（Bacillariophyta）—羽纹纲（Pennatae）—管壳缝目（Aulonoraphidinales）—双菱藻科（Surirellaceae）—双菱藻属（*Surirella*）

鉴别特征

单细胞；壳面线形、椭圆形、卵圆形或披针形，平直或螺旋状扭曲；两侧缘具有龙骨突，龙骨突上有管壳缝；带面呈长方形或楔形。

生境

此属物种多分布在热带、亚热带的淡水和海水中。

采集地

长江流域纳溪大渡口；金沙江流域三块石、石门子；岷江流域月波、麻柳坝。

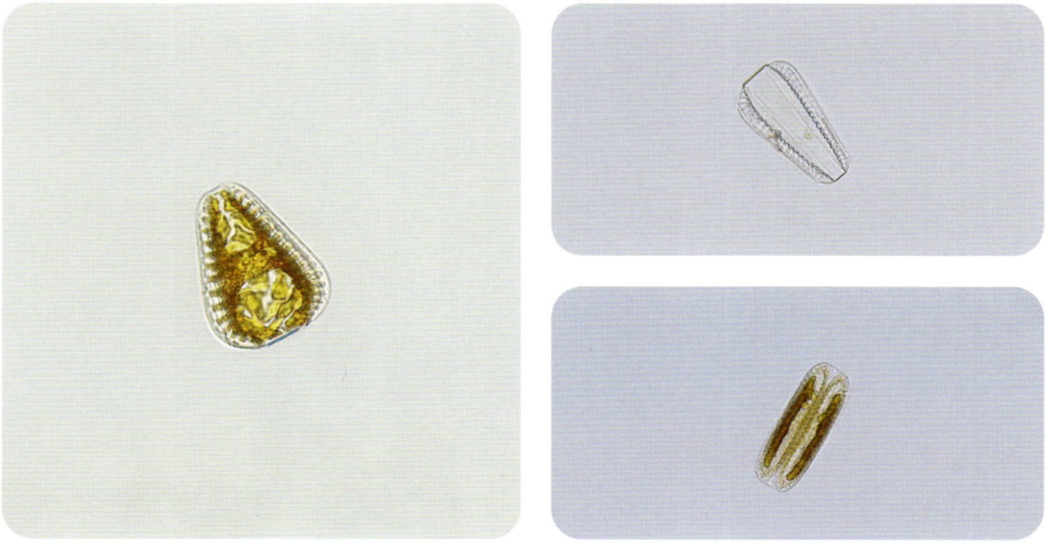

双菱藻属

3.14 双眉藻属（*Amphora*）

分类地位

硅藻门（Bacillariophyta）—羽纹纲（Pennatae）—双壳缝目（Biraphidinales）—桥弯藻科（Cymbellaceae）—双眉藻属（*Amphora*）

鉴别特征

多为单细胞；壳面两侧不对称，有背、腹之分，呈新月形、镰刀形，末端钝圆形或两端延长成头状；中轴区明显偏于腹侧，具中央节和极节；带面椭圆形，末端截形；色素体侧生，片状。

生境

此属物种生长在稻田、水坑、池塘、湖泊、水库、河流、溪流、沼泽中，以及潮湿岩壁上。

采集地

长江流域江南沙嘴上、纳溪大渡口；金沙江流域石门子。

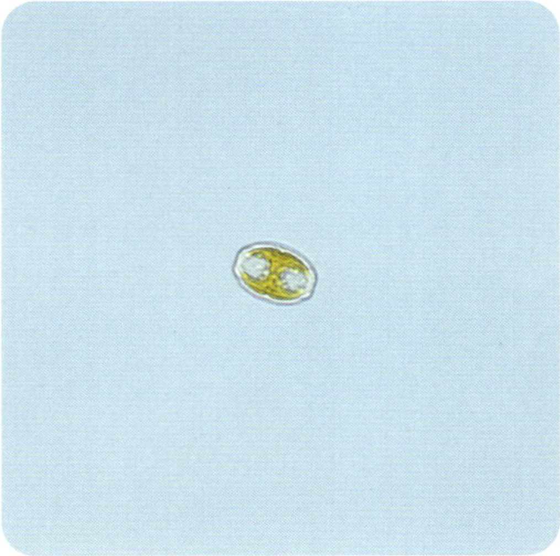

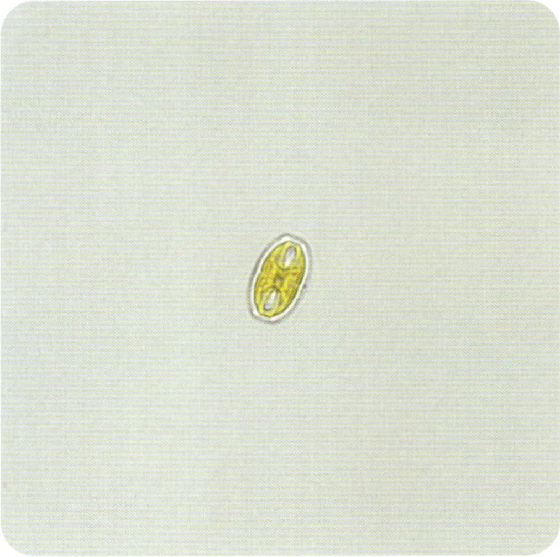

双眉藻属

3.15 桥弯藻属（*Cymbella*）

分类地位

硅藻门（Bacillariophyta）—羽纹纲（Pennatae）—双壳缝目（Biraphidinales）—桥弯藻科（Cymbellaceae）—桥弯藻属（*Cymbella*）

鉴别特征

壳面两侧不对称，背侧凸出，腹侧平直、中部略凸出或略凹入，呈新月形、线形、半椭圆形、半披针形、舟形、菱形、披针形，末端钝圆或渐尖；中轴区两侧略不对称，具中央节和极节；一般壳面中间部分的横线纹比近两端的横线纹稀疏；带面长方形，两侧平行。

生境

此属物种大多数生长在淡水中，少数生长在半咸水中。

采集地

长江流域挂弓山、江南沙嘴上、纳溪大渡口；金沙江流域三块石、石门子；岷江流域麻柳坝、鱼尾坝。

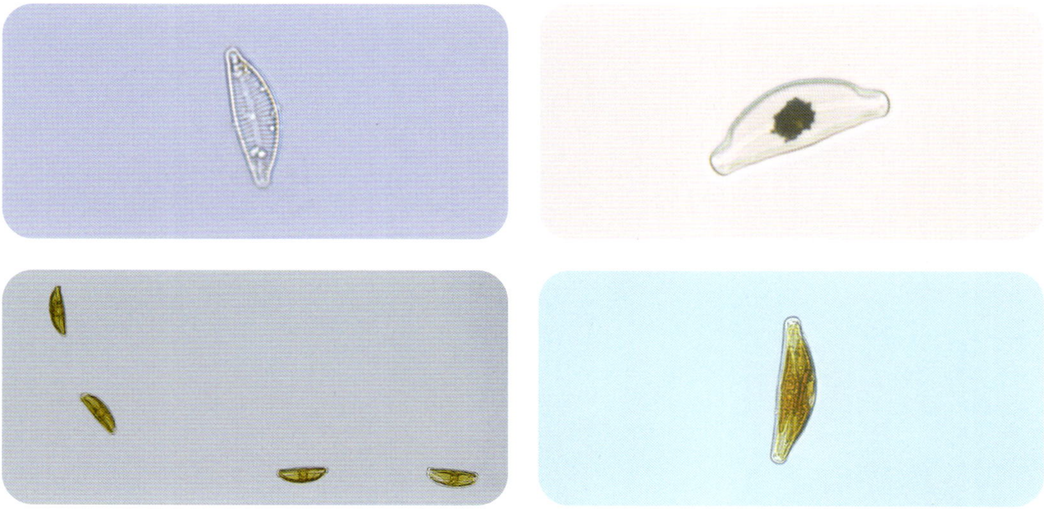

桥弯藻属

3.16　异极藻属（*Gomphonema*）

分类地位

硅藻门（Bacillariophyta）—羽纹纲（Pennatae）—双壳缝目（Biraphidinales）—异极藻科（Gomphonemaceae）—异极藻属（*Gomphonema*）

鉴别特征

单细胞，或不分枝或分枝的树状群体；壳面上、下两端不对称，上端宽于下端，两侧对称，呈棒形、披针形、楔形；壳缝两侧具由点纹组成的横线纹；带面多呈楔形，末端截形，无间生带。

生境

此属物种大多数生长在淡水中。

采集地

长江流域挂弓山、江南沙嘴上、纳溪大渡口；金沙江流域三块石、石门子、宝宁村；岷江流域月波、麻柳坝、鱼尾坝。

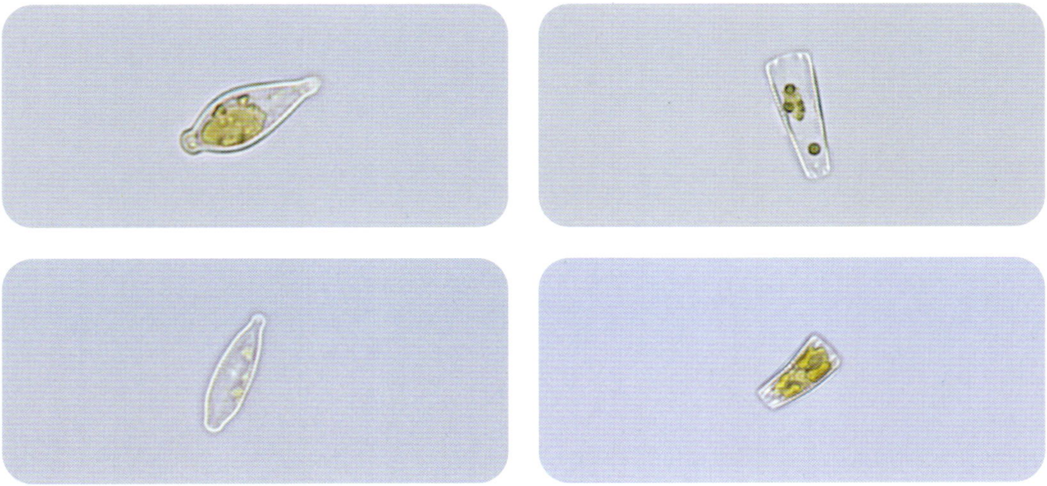

异极藻属

3.17　茧形藻属（*Amphiprora*）

分类地位

硅藻门（Bacillariophyta）—羽纹纲（Pennatae）—双壳缝目（Biraphidinales）—舟形藻科（Naviculaceae）—茧形藻属（*Amphiprora*）

鉴别特征

细胞中部明显缢缩；相连带上有横列点纹组成的纵纹；壳面呈舟形或梭形，末端锐圆或尖形，稍弯曲；中轴区有“S”形的龙骨突；龙骨突上有点条纹，点条纹通常较粗，呈横列状或“X”状排列。

生境

此属物种大部分生长于半咸水和海水中，极少数生长于淡水中。

采集地

长江流域纳溪大渡口；岷江流域鱼尾坝。

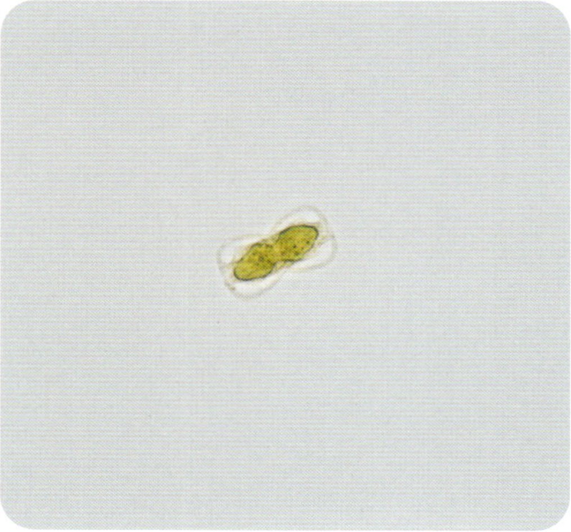

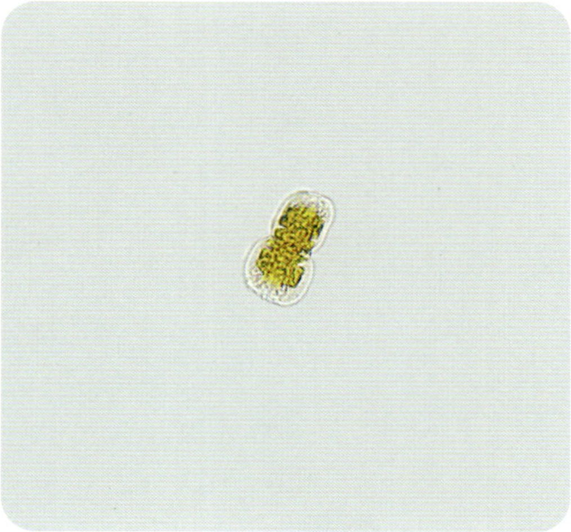

茧形藻属

3.18 布纹藻属（*Gyrosigma*）

分类地位

硅藻门（Bacillariophyta）—羽纹纲（Pennatae）—双壳缝目（Biraphidinales）—舟形藻科（Naviculaceae）—布纹藻属（*Gyrosigma*）

鉴别特征

细胞狭而扁；壳面呈“S”形，从中部向两端逐渐尖细，末端渐尖或钝圆；中轴区狭窄，呈“S”形到波形，中部中央节处略膨大；壳缝呈“S”形，弯曲，壳缝两侧具纵线纹和横线纹十字形交叉构成的布纹；带面呈宽披针形，无间生带；色素体片状，2个。

生境

此属物种分布广泛，为淡水常见种。

采集地

岷江流域鱼尾坝。

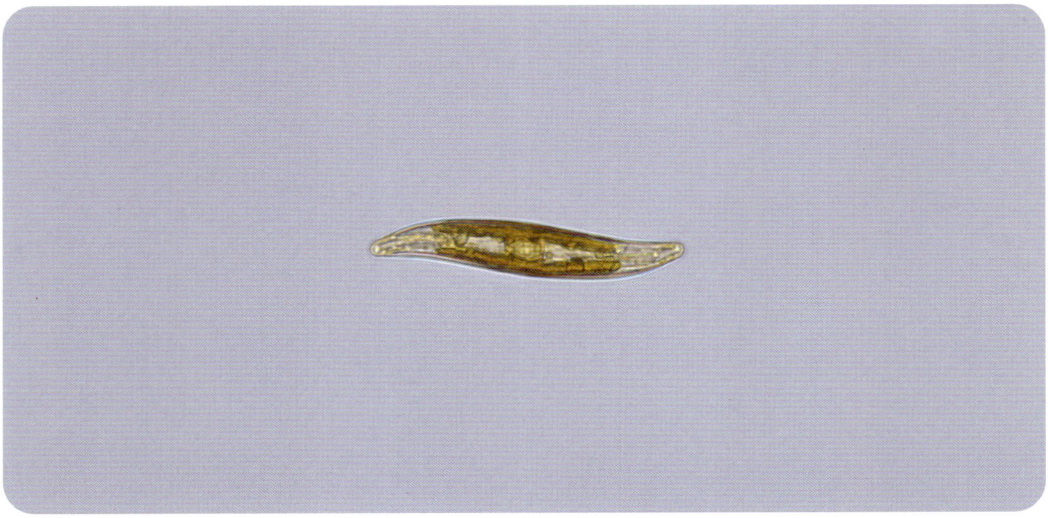

布纹藻属

3.19　舟形藻属（*Navicula*）

分类地位

硅藻门（Bacillariophyta）—羽纹纲（Pennatae）—双壳缝目（Biraphidinales）—舟形藻科（Naviculaceae）—舟形藻属（*Navicula*）

鉴别特征

为单细胞；壳面呈线形、披针形、菱形或椭圆形，两侧对称，末端钝圆、近头状或喙状；中轴区狭窄，线形或披针形；带面长方形、平滑，无间生带，无真的隔片。

生境

此属物种分布广泛，生长在池塘、沟渠、湖泊及河流中。

采集地

长江流域挂弓山、江南沙嘴上、纳溪大渡口；金沙江流域宝宁村、三块石、石门子；岷江流域月波、麻柳坝、鱼尾坝。

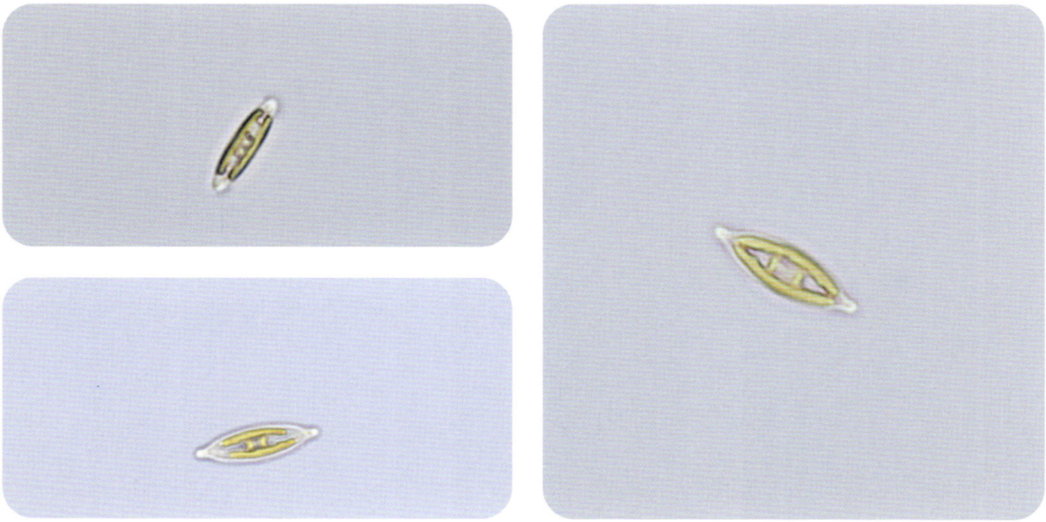

舟形藻属

3.20 辐节藻属（*Stauroneis*）

分类地位

硅藻门（Bacillariophyta）—羽纹纲（Pennatae）—双壳缝目（Biraphidinales）—舟形藻科（Naviculaceae）—辐节藻属（*Stauroneis*）

鉴别特征

单细胞或带状群体；壳面长椭圆形、狭披针形或舟形，末端头状、钝圆或喙状；中央区增厚并扩展到壳面两侧，增厚的中央区无花纹，为辐节，辐节和中轴区将壳面的花纹分为 4 部分；壳缝两侧具横线纹或点纹；细胞具间生带，但无真隔片；色素体片状，2 个。

生境

此属物种分布广泛，各种水体中均有发现。

采集地

长江流域江南沙嘴上、纳溪大渡口；金沙江流域宝宁村；岷江流域月波、鱼尾坝。

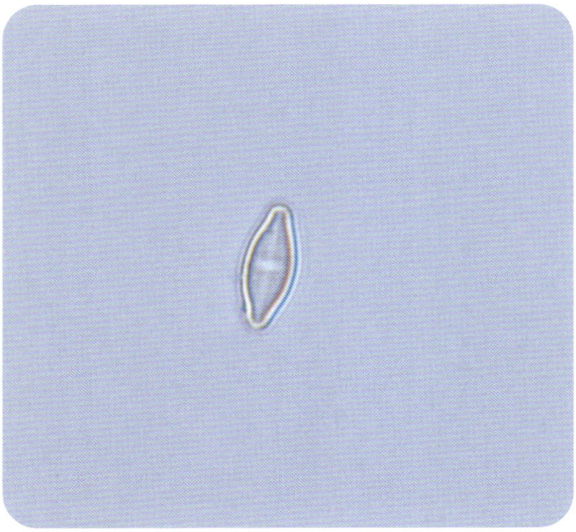

辐节藻属

3.21　曲壳藻属（*Achnanthes*）

分类地位

硅藻门（Bacillariophyta）—羽纹纲（Pennatae）—单壳缝目（Monoraphidinales）—曲壳藻科（Achnanthaceae）—曲壳藻属（*Achnanthes*）

鉴别特征

为单细胞或壳面互相连接形成的带状或树状群体，以胶质柄着生于它物上；壳面线形披针形、线形椭圆形、椭圆形、菱形或披针形；带面纵长弯曲，呈膝曲状或弧形。

生境

此属物种主要产于海洋中，其淡水种类多着生于丝状藻类、沉水的高等植物或其他基质上。

采集地

金沙江流域石门子。

曲壳藻属

3.22 卵形藻属（*Cocconeis*）

分类地位

硅藻门（Bacillariophyta）—羽纹纲（Pennatae）—单壳缝目（Monoraphidinales）—曲壳藻科（Achnanthaceae）—卵形藻属（*Cocconeis*）

鉴别特征

单细胞；壳面椭圆形或宽卵形，上、下两个壳面的外形相同；带面呈横向弧形弯曲，具不完全的横隔膜。

生境

此属物种广泛分布于各种淡水中。

采集地

长江流域挂弓山、江南沙嘴上、纳溪大渡口；金沙江流域宝宁村、三块石、石门子；岷江流域月波、麻柳坝、鱼尾坝。

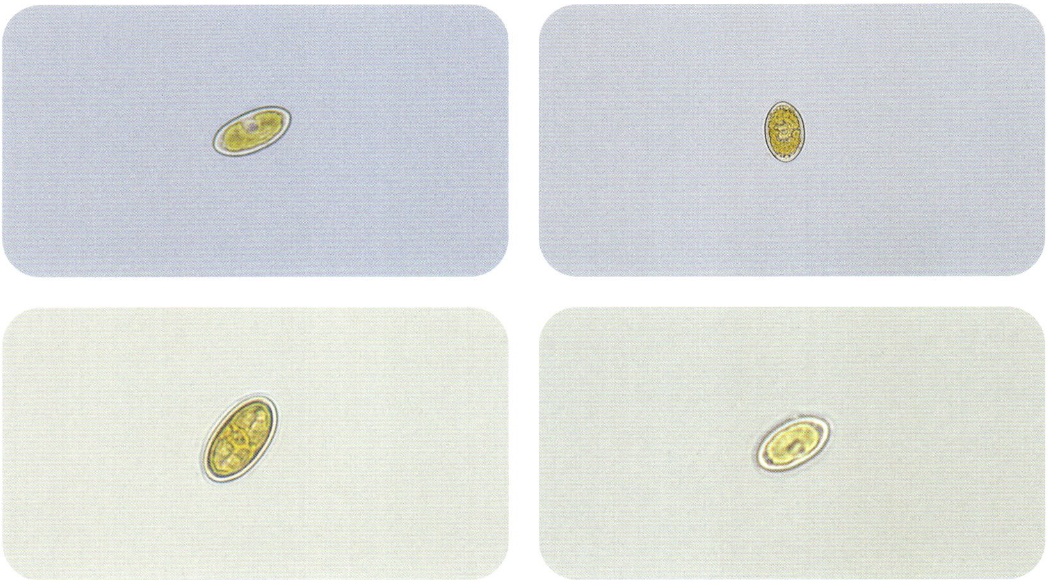

卵形藻属

第 4 章

裸藻门

(Euglenophyta)

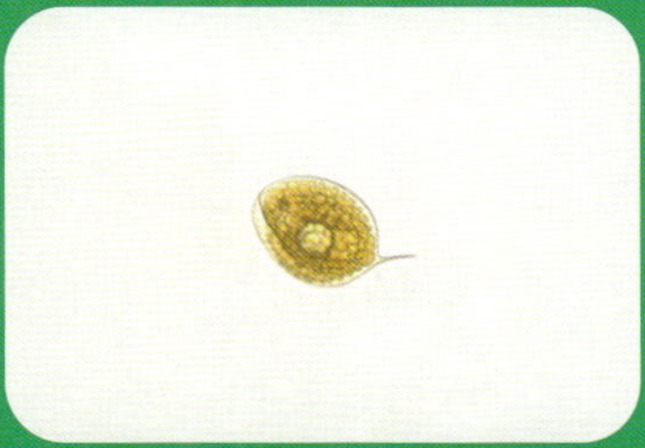

裸藻门（Euglenophyta）

裸藻大多数分布在淡水中，少数生长在半咸水中，很少生长在海水中。其喜生长于有机质比较丰富的环境中，是水质污染的指示生物，常在夏季大量繁殖使水呈绿色、红褐色或黄褐色，并浮在水面形成膜状或云彩状水华。

绝大多数裸藻为单细胞，在营养期具有明显的鞭毛，仅极少数种类具胶质柄，营固着生活。细胞呈纺锤形、圆柱形、卵圆形等。细胞构造较复杂，细胞前端由胞口与外界相通，胞口下狭形颈部为胞咽，胞咽下方膨大处为储蓄泡，储蓄泡周围有 1 个至几个伸缩泡。细胞裸露，无细胞壁。细胞质外层特化为表质。表质较坚硬的种类，细胞可保持一定形态；表质较柔软的种类，细胞常会变形。表质光滑或具纵行、螺旋状的线纹、点纹或肋纹。有的种类的细胞外具囊壳，囊壳常因含铁质沉淀量不同而呈现不同的颜色。囊壳表面光滑无纹饰或具各种纹饰。裸藻常具有 1~3 条鞭毛，也有无鞭毛的。鞭毛由中央轴丝和外部的鞭毛鞘组成。细胞内有许多色素体，其内含有叶绿素 a、叶绿素 b、β- 胡萝卜素和叶黄素，一般呈盘状、片状和星状。有色素的种类的细胞，其前端一侧有一红色眼点，具有感光性；无色素的种类大多没有眼点。

裸藻营养方式包括光合缺陷型营养、渗透型营养、摄食型营养，繁殖方式主要为细胞纵分裂。

本图谱收录了宜宾市三江干流常见裸藻 1 纲 1 目 1 科 3 属。

4.1　裸藻属（*Euglena*）

分类地位

裸藻门（Euglenophyta）—裸藻纲（Euglenophyceae）—裸藻目（Euglenales）—裸藻科（Euglenaceae）—裸藻属（*Euglena*）

鉴别特征

细胞形状多为纺锤形或圆柱形，其横切面为圆形或椭圆形，后端多少延伸成尾状或具尾刺；表质具螺旋状排列的线纹；鞭毛单条；眼点明显；细胞核较大，位于中位或后位。

生境

此属物种多生长于有机质较丰富的静水水体中。

采集地

长江流域江南沙嘴上；岷江流域月波。

裸藻属

4.2 扁裸藻属（*Phacus*）

分类地位

裸藻门（Euglenophyta）—裸藻纲（Euglenophyceae）—裸藻目（Euglenales）—裸藻科（Euglenaceae）—扁裸藻属（*Phacus*）

鉴别特征

细胞表质硬，形状固定，扁平，正面观一般呈圆形、卵形或椭圆形，有的呈螺旋状扭转，顶端具纵沟，后端多数呈尾状；绝大多数种类的色素体呈盘状；多数副淀粉较大，有环形、假环形、圆盘形、球形、线轴形或哑铃形等各种形状，常为 1 至数个；单鞭毛；具眼点。

生境

该属物种大多数喜生活在池塘和积水潭中。

采集地

长江流域江南沙嘴上；岷江流域月波、麻柳坝、鱼尾坝。

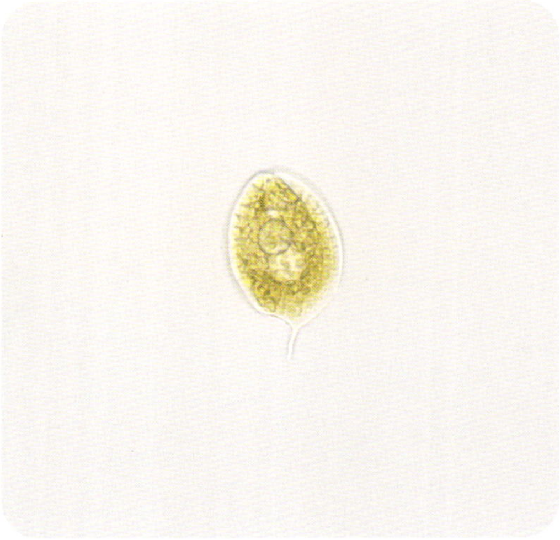

扁裸藻属

4.3　囊裸藻属（*Trachelomonas*）

分类地位

裸藻门（Euglenophyta）—裸藻纲（Euglenophyceae）—裸藻目（Euglenales）—裸藻科（Euglenaceae）—囊裸藻属（*Trachelomonas*）

鉴别特征

细胞外具囊壳，囊壳呈球形、卵形、椭圆形、圆柱形或纺锤形等，囊壳的前端具一圆形的鞭毛孔，有或无领部，有或无环状加厚的圈；其他特征与裸藻属相似。

生境

该属物种广泛分布于各种水体中。

采集地

岷江流域鱼尾坝。

囊裸藻属

第 5 章

甲藻门
(Dinophyta)

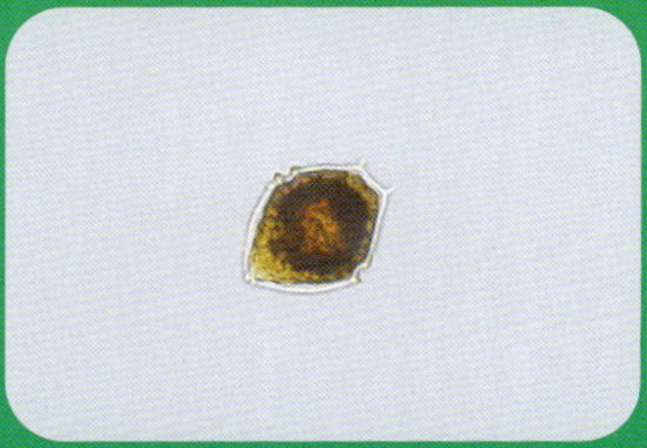

甲藻门（Dinophyta）

甲藻分布得十分广泛，海水、淡水、咸淡水交汇处、河口处常有其分布，是水生动物的主要饵料。海洋中甲藻的过量繁殖常使水色变红，形成赤潮。淡水中甲藻水华的暴发常使水面呈红棕色或酱油色。

甲藻绝大多数种类为单细胞，少数为丝状体或由单细胞连成的各种群体。细胞呈球形、卵形、针形和多角形，背、腹扁平或左、右侧扁。细胞裸露或具细胞壁，细胞壁薄或厚而硬。纵裂甲藻类的细胞壁由左、右 2 片组成，无纵沟或横沟。横裂甲藻类的细胞壁由许多小板组成，多数种类的壳壁具 1 条横沟和 1 条纵沟，具 2 条鞭毛，鞭毛顶生或从横沟和纵沟相交处的鞭毛孔伸出。甲藻的光合作用色素为叶绿素 a 和叶绿素 c，无叶绿素 b，辅助色素有胡萝卜素、叶黄素，此外还有多甲藻素。甲藻的色素体多个，呈圆盘状、棒状，常为金黄色、黄绿色或褐色，极少数种类无色。

甲藻的主要繁殖方式为细胞分裂。有的种类可以产生动孢子、似亲孢子或不动孢子。

本图谱收录了宜宾市三江干流常见甲藻 1 纲 1 目 3 科 4 属。

5.1 角甲藻属（*Ceratium*）

分类地位

甲藻门（Dinophyta）—甲藻纲（Dinophyceae）—多甲藻目（Peridiniales）—角甲藻科（Ceratiaceae）—角甲藻属（*Ceratium*）

鉴别特征

细胞明显不对称，有 1 个顶角和 2 个或 3 个长的底角，充满细胞质；横沟位于细胞中央，环状或略呈螺旋状，其将藻体分成面积几乎相等的两部分，但这两部分不相似；细胞腹面中央有 1 个斜方形的透明区。

生境

此属物种在不同水体均有发现，春秋季节其常在池塘、湖泊或江河中形成水华。

采集地

长江流域江南沙嘴上；金沙江流域宝宁村、石门子；岷江流域麻柳坝。

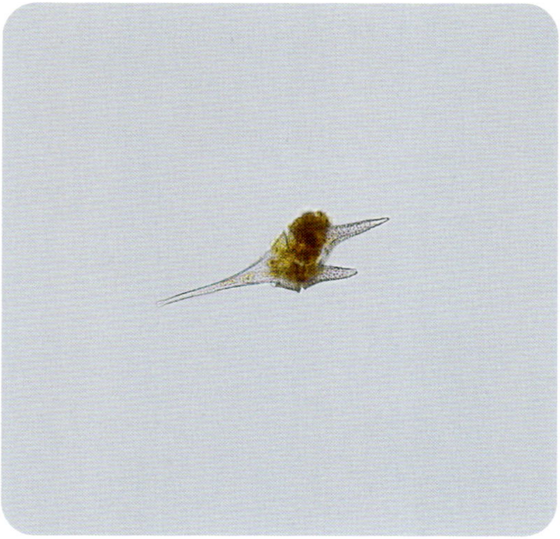
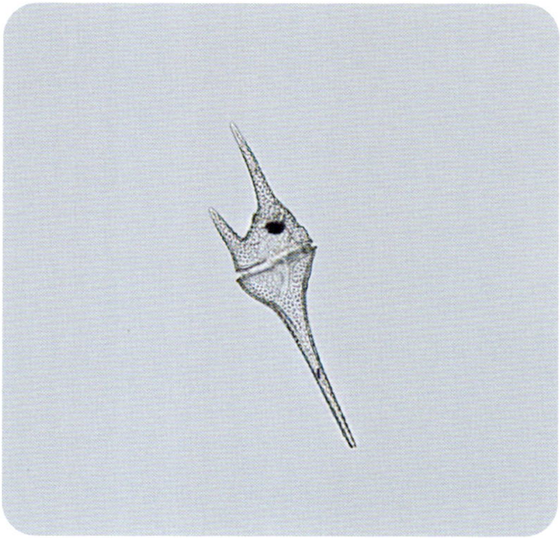

角甲藻属

5.2　裸甲藻属（*Gymnodinium*）

分类地位

甲藻门（Dinophyta）—甲藻纲（Dinophyceae）—多甲藻目（Peridiniales）—裸甲藻科（Gymnodiniaceae）—裸甲藻属（*Gymnodinium*）

鉴别特征

细胞卵形到近圆球形，有时具小突起，大多数近两侧对称；细胞前（上）、后（下）两端钝圆或顶端钝圆、末端狭窄；细胞上锥部和下锥部大小相等，或上锥部较大，或下锥部较大；横沟明显，通常环绕细胞1周，常为左旋，右旋罕见，多数种类的纵沟略向上锥部延伸；细胞表面多数平滑，罕见条纹、沟纹或纵肋纹；色素体常多个，为金黄色、绿色、褐色或蓝色，呈盘状或棒状，周生或辐射状排列，有的种类无色素体。

生境

该属物种在海水和淡水中均有分布。

采集地

长江流域纳溪大渡口；岷江流域月波。

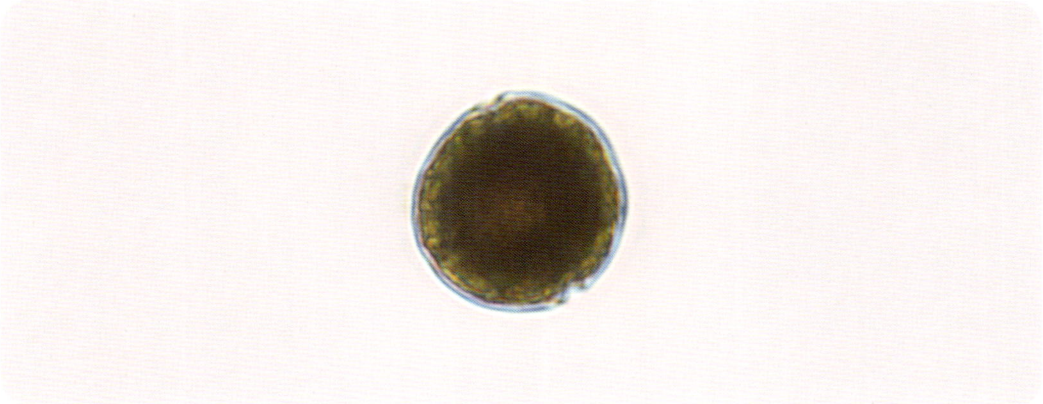

裸甲藻属

5.3 拟多甲藻属（*Peridiniopsis*）

分类地位

甲藻门（Dinophyta）—甲藻纲（Dinophyceae）—多甲藻目（Peridiniales）—多甲藻科（Peridiniaceae）—拟多甲藻属（*Peridiniopsis*）

鉴别特征

细胞呈椭圆形或圆球形；下锥部的大小等于或小于上锥部；板片可能具刺、似齿状突起或翼状纹饰。

生境

此属物种多生长于湖泊、水库等静水水体中。

采集地

长江流域江南沙嘴上、纳溪大渡口；金沙江流域石门子；岷江流域麻柳坝、鱼尾坝。

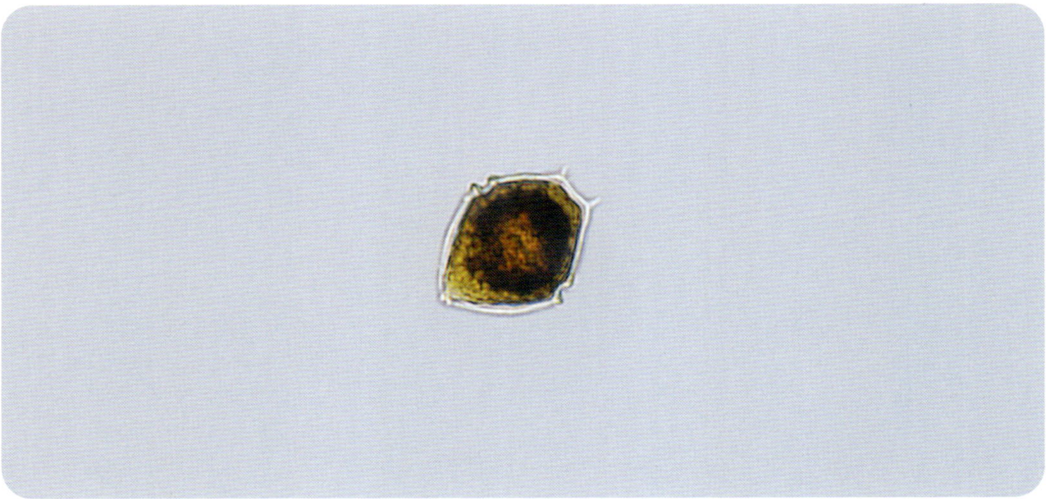

拟多甲藻属

5.4　多甲藻属（*Peridinium*）

分类地位

甲藻门（Dinophyta）—甲藻纲（Dinophyceae）—多甲藻目（Peridiniales）—多甲藻科（Peridiniaceae）—多甲藻属（*Peridinium*）

鉴别特征

为单细胞；细胞常为球形、椭圆形到卵形，罕见多角形，略扁平；纵沟、横沟显著，大多数种类的横沟位于中间略向下部分，多数横沟为环状，横沟边缘有时具刺状或乳头状突起；通常上锥部较长而狭，下锥部较短而宽。

生境

此属物种多为海水种类，其淡水种类很少，淡水种类多生长于湖泊、江河中。

采集地

长江流域挂弓山；岷江流域月波。

多甲藻属

第 6 章

隐藻门

（Cryptophyta）

隐藻门（Cryptophyta）

隐藻的种类不多，但分布很广，淡水、海水均有分布。隐藻对温度、光照的适应性极强，无论夏季的水体，还是冬季的冰下水体，均可形成优势种群。尖尾蓝隐藻等隐藻属的一些种类，在沿岸水域的微型浮游生物中很常见。隐藻喜生活于有机质和氮丰富的水体中，是我国传统高产肥水鱼池中极为常见的鞭毛藻类。在有隐藻水华的鱼池中，白鲢生长得好、快，产量高。隐藻是水肥、水活、好水的标志。

隐藻为单细胞。其大部分种类的细胞不具纤维素细胞壁。细胞外有一层周质体，柔软或坚固。多数种类具有 2 条鞭毛，能运动，不等长，自腹侧前端伸出或生于侧面，极少数种类无鞭毛。细胞长椭圆形或卵形，前端较宽，钝圆或斜向平截。细胞有背、腹之分，侧面观背面隆起，腹面平直或凹入。细胞前端偏于一侧，具有向后延伸的纵沟，有的种类具有 1 条口沟，自前端向后延伸，纵沟或口沟的两侧常具有多个棒状的刺丝泡。

隐藻的光合作用色素有叶绿素 a、叶绿素 c、β- 胡萝卜素等，此外还有藻胆素。隐藻的颜色变化较大，多为黄绿色、黄褐色，有的也为蓝绿色、绿色或红色。有的种类无色素体，藻体无色。隐藻的贮存物质为淀粉和油滴。

隐藻的繁殖方式多为细胞纵分裂。

本图谱收录了宜宾市三江干流常见隐藻 1 纲 1 目 1 科 2 属。

6.1 蓝隐藻属（*Chroomonas*）

分类地位

隐藻门（Cryptophyta）—隐藻纲（Cryptophyceae）—隐藻目（Cryptomonadales）—隐鞭藻科（Cryptomonadaceae）—蓝隐藻属（*Chroomonas*）

鉴别特征

细胞长卵形、椭圆形、近球形、近圆柱形、圆锥形或纺锤形；前端常斜截或平直，后端钝圆或渐尖；背腹扁平；鞭毛 2 条，不等长；纵沟和口沟常不明显。

生境

此属物种分布广泛，各种静水水体中均可生长。

采集地

长江流域挂弓山、江南沙嘴上、纳溪大渡口；金沙江流域三块石、石门子、宝宁村；岷江流域月波、麻柳坝、鱼尾坝。

蓝隐藻属

6.2　隐藻属（*Cryptomonas*）

分类地位

隐藻门（Cryptophyta）—隐藻纲（Cryptophyceae）—隐藻目（Cryptomonadales）—隐鞭藻科（Cryptomonadaceae）—隐藻属（*Cryptomonas*）

鉴别特征

细胞呈椭圆形、豆形、卵形、圆锥形、纺锤形或“S”形；背部明显隆起，腹部平直或略凹入；前端钝圆或斜截，后端为或宽或窄的钝圆形；鞭毛 2 条，略不等长；纵沟和口沟常明显。

生境

此属物种在池塘、湖泊和河流中均有分布。

采集地

长江流域挂弓山、江南沙嘴上、纳溪大渡口；金沙江流域三块石、石门子、宝宁村；岷江流域月波、麻柳坝、鱼尾坝。

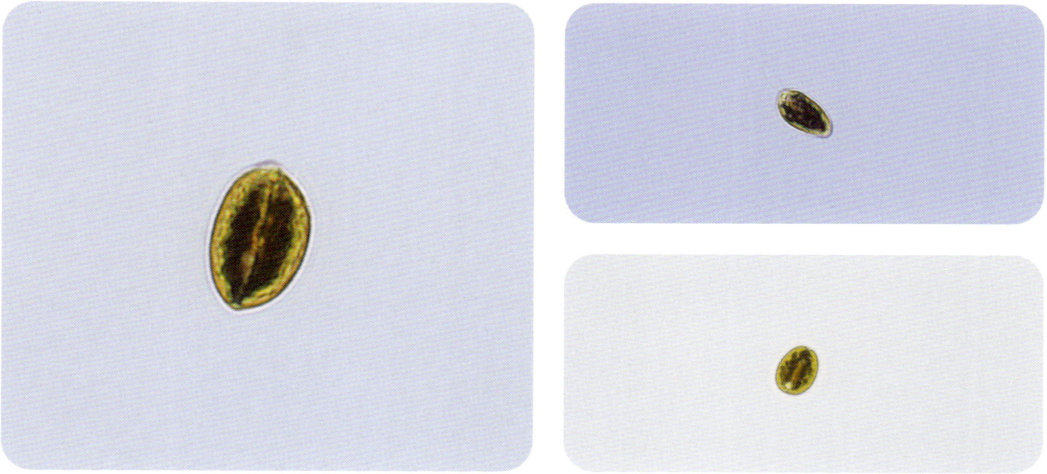

隐藻属

第 7 章

金藻门
（Chrysophyta）

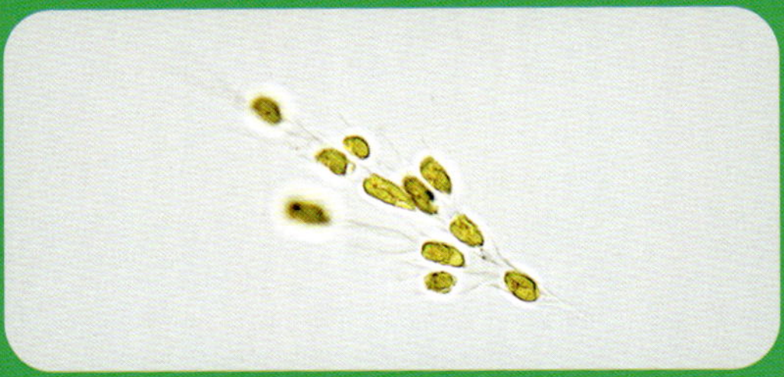

金藻门（Chrysophyta）

金藻大多数生长在透明度大、温度较低、有机质含量低的清水水体中，其对水温的变化较敏感，常在冬季、早春和晚秋生长旺盛。金藻的大量繁殖可形成赤潮、水华，给渔业带来危害。许多种类因其生长的特殊要求，可被用作生物指示种类，以监测水质、评价水环境。

金藻的藻体为单细胞或群体。其群体由细胞放射状排列成球形或卵形，有的具透明的胶被，不能运动的种类为变形虫状、胶群体状、球粒形、叶状体、分枝或不分枝丝状体。多数金藻为裸露的运动个体，具 2 条鞭毛，个别具 1 条或 3 条鞭毛。细胞裸露或表质上覆盖许多硅质鳞片，鳞片具刺或无刺。细胞无色或具色素体。色素体周生，片状，1~2 个。金藻的光合作用色素主要由叶绿素、胡萝卜素和叶黄素组成，常呈金黄色、黄褐色、黄绿色或灰黄褐色，其光合作用产物为金藻昆布糖、金藻多糖和脂肪。

金藻单细胞的繁殖方式为细胞纵分裂，群体以群体断裂进行繁殖。

本图谱收录了宜宾市三江干流常见金藻 1 纲 1 目 1 科 1 属。

■锥囊藻属（*Dinobryon*）

分类地位

金藻门（Chrysophyta）—金藻纲（Chrysophyceae）—色金藻目（Chromulinales）—锥囊藻科（Dinobryonaceae）—锥囊藻属（*Dinobryon*）

鉴别特征

多为树状或丛状群体；细胞呈纺锤体、卵形或圆锥形，其外被有倒锥形的硅质囊壳，前端具2条不等长的鞭毛；囊壳前端有圆形或喇叭状开口，后端锥形；眼点1个；色素体周生，片状。

生境

此属物种生长在清洁、贫营养或中营养的水体中。

采集地

岷江流域鱼尾坝。

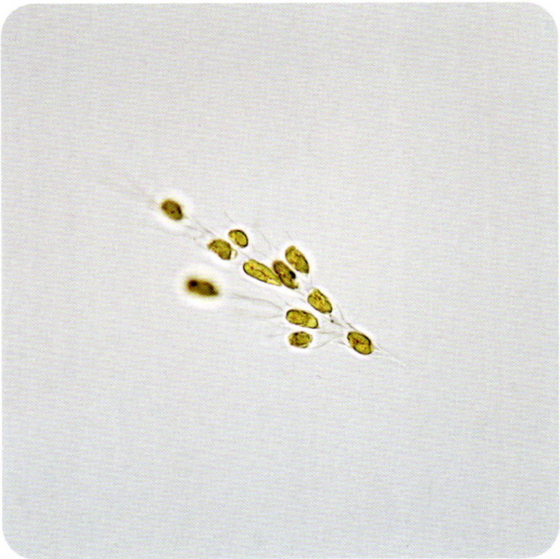

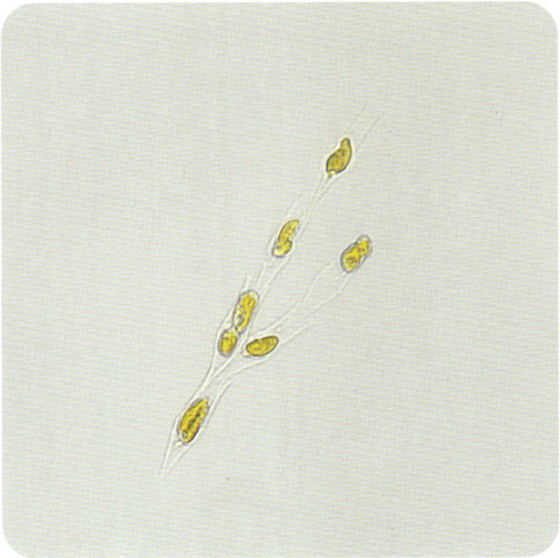

锥囊藻属

第二篇

底栖动物

第 1 章

扁形动物门

(Platyhelminthes)

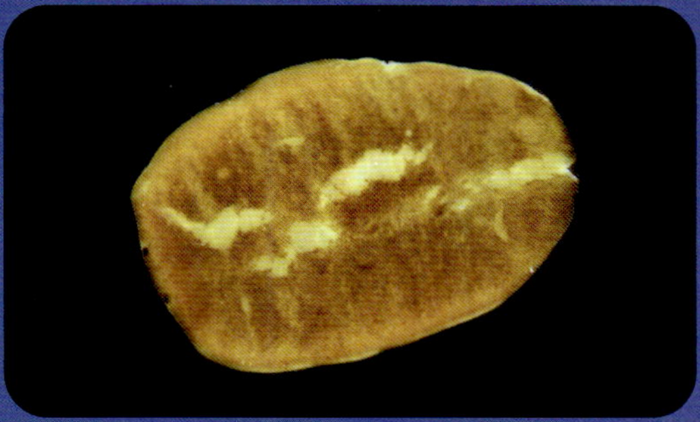

扁形动物门（Platyhelminthes）

扁形动物生活于淡水、海洋等潮湿处，体前端有两个可感光的眼点。已记录的扁形动物约有 15 000 种。扁形动物的背、腹扁平，左、右对称。两侧对称的体形使该门动物的身体明显分为左侧、右侧。该门动物具有外胚层、中胚层和内胚层 3 个胚层，但没有真正的体腔，中胚层形成的实质组织具有贮存养料和水分的功能。该门动物无呼吸系统、无循环系统，有口无肛门，体表部分或全部分布有纤毛。该门动物根据形态特征和生活方式的不同，分为涡虫纲（Turbellaria）、吸虫纲（Trematoda）和绦虫纲（Cestoda）。

本图谱收录了宜宾市三江干流常见扁形动物 1 纲。

■ 涡虫纲（Turbellaria）

分类地位

扁形动物门（Platyhelminthes）—涡虫纲（Turbellaria）

鉴别特征

体柔软扁平；体型大小不一，小者不足 1 mm，大者可达 50 cm；通常具色素；上皮具纤毛、杆状体和许多黏液腺体；口一般位于腹面；通常有肠。

生境

栖息于淡水河流、溪流的石块上面，清洁或轻污染的水体中多见。

采集地

金沙江流域三块石、石门子。

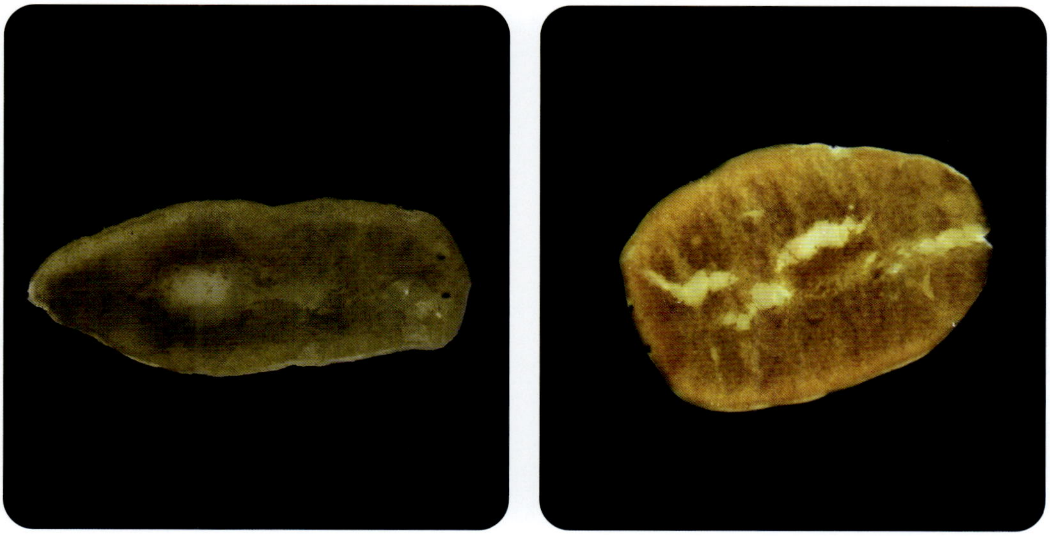

涡虫纲整体观

第 2 章

环节动物门
(Annelida)

环节动物门（Annelida）

淡水中常见的环节动物的共同特点是，身体为同律分节(内部分节相当于外部分节)；某些种类具有的皮肤肌肉囊向外突出而成为疣足，无节肢；常有刚毛，刚毛一般有规律地重复分布在各环节上。淡水中常见的环节动物可分为以下几纲。

多毛纲（Polychaeta）：有明显的头部，每个体节两侧生有 1 对疣足，疣足上生有多数形态复杂的刚毛。

寡毛纲（Oligochaeta）：头部分化不明显，无疣足，刚毛较简单，直接着生在皮肤肌肉囊上。

蛭纲（Hirudinea）：身体通常背、腹扁平，有固定数目的真正环节，每一环节上有几个环纹，无疣足与刚毛，体前、后端有吸盘。

本图谱收录了宜宾市三江干流常见环节动物 2 纲 4 目 6 科 9 属。

2.1 石蛭属（*Erpobdella*）

分类地位

环节动物门（Annelida）—蛭纲（Hirudinea）—无吻蛭目（Arhynchobdellida）—石蛭科（Erpobdellidae）—石蛭属（*Erpobdella*）

鉴别特征

所有体环的厚度相同；体略呈圆柱形，前、后两端略狭；成熟个体背部色深，具不规则的黑色斑点；腹面色稍淡；前吸盘小，后吸盘与体同宽；具 4 对眼点。

生境

生活在河流、池塘中，附着在石块下，其生境周围常分布有涡虫；中污染水体中多见。

采集地

岷江流域月波、鱼尾坝。

石蛭属整体观

石蛭属眼点

2.2　巴蛭属（*Barbronia*）

分类地位

环节动物门（Annelida）—蛭纲（Hirudinea）—无吻蛭目（Arhynchobdellida）—沙蛭科（Salifidae）—巴蛭属（*Barbronia*）

鉴别特征

体狭长；背面色深，腹面色淡；眼点3对，前对大，后2对小；肛门甚大。

生境

常见于高山地区的溪流和池塘，以及平原的湖泊、水田、沼泽中，喜附在石块或树干上，行动活泼；中污染水体中常见。

采集地

岷江流域麻柳坝、鱼尾坝；金沙江流域三块石、石门子。

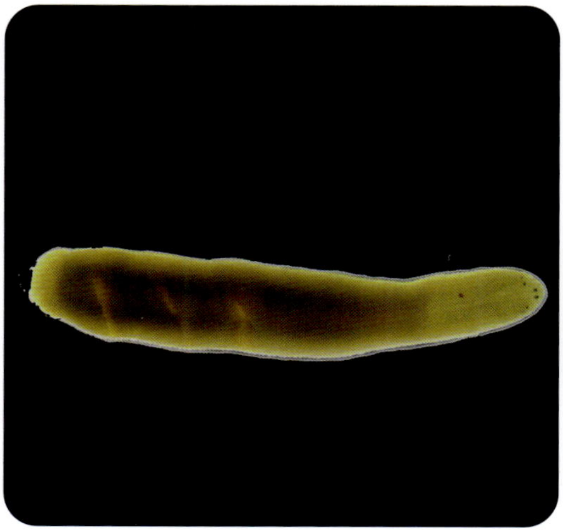

巴蛭属整体观

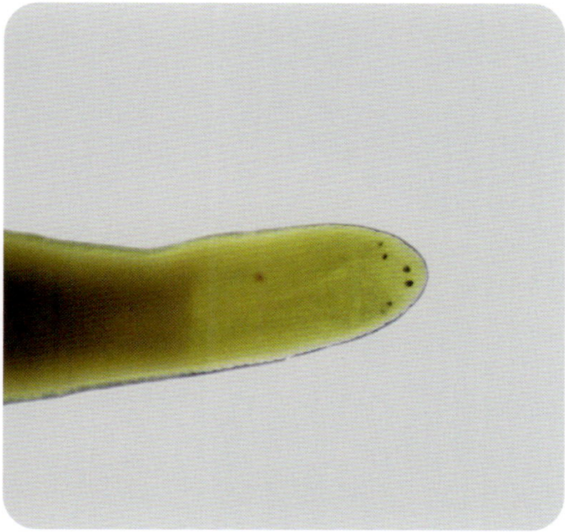

巴蛭属眼点

2.3 舌蛭属（*Glossiphonia*）

分类地位

环节动物门（Annelida）—蛭纲（Hirudinea）—吻蛭目（Rhynchobdellida）—舌蛭科（Glossiphoniidae）—舌蛭属（*Glossiphonia*）

鉴别特征

体常小型、扁平、卵圆形；眼点常 3 对（少为 1 对或 2 对）；前吸盘较后吸盘小；口孔位于前吸盘中央；行动迟缓，稍受惊扰即蜷缩成球形。

生境

分布广，在各地池塘、河川等较静的水流中生活，亦常见于河蚌的外套腔中；污染较重的水体中多见。

采集地

长江流域纳溪大渡口；金沙江流域石门子。

舌蛭属整体观

舌蛭属特征观

2.4　拟扁蛭属（*Hemiclepsis*）

分类地位

环节动物门（Annelida）—蛭纲（Hirudinea）—吻蛭目（Rhynchobdellida）—舌蛭科（Glossiphoniidae）—拟扁蛭属（*Hemiclepsis*）

鉴别特征

体型通常大于扁蛭，体长可达 20 mm；体表较透明；头部扁阔；具 2 对眼点；具 1 个较狭的颈；背面有 6 道纵行栗色斑纹；前、后吸盘均较大，口孔在前吸盘偏中位；具 7 对或更多的侧盲囊。

生境

多栖息在池塘、沼泽及小河边的石下，也有的寄生在河蚌体上，为一般耐污种。

采集地

长江流域纳溪大渡口。

拟扁蛭属背面观

拟扁蛭属腹面观

2.5 带丝蚓属（*Lumbriculus*）

分类地位

环节动物门（Annelida）—寡毛纲（Oligochaeta）—带丝蚓目（Lumbriculida）—带丝蚓科（Lumbriculidae）—带丝蚓属（*Lumbriculus*）

鉴别特征

体长 40~80 mm；活体呈黑褐色或红色；刚毛始于第 II 节，每束刚毛 2 根，刚毛为双叉钩状，远叉退化；从第 X~XV 节始，每节前端有一对分支的血管盲囊。

生境

主要生活在淡水流域中。

采集地

金沙江流域三块石。

带丝蚓属整体观

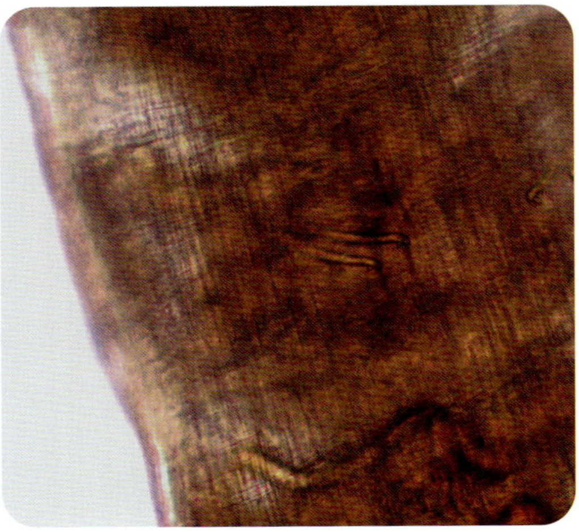

带丝蚓属刚毛

■2.6 仙女虫属（*Nais*）

分类地位

环节动物门（Annelida）—寡毛纲（Oligochaeta）—颤蚓目（Tubificida）—仙女虫科（Naididae）—仙女虫属（*Nais*）

鉴别特征

一般具眼点；第Ⅱ～Ⅴ节的腹刚毛常显著不同于其他节；背刚毛始于第Ⅵ节，含发状刚毛和针状刚毛。

生境

多生活在河流、湖泊等淡水水体中；有些种类不耐有机污染，轻污染水体中多见。

采集地

长江流域挂弓山、江南沙嘴上、纳溪大渡口；金沙江流域三块石、石门子；岷江流域麻柳坝、鱼尾坝。

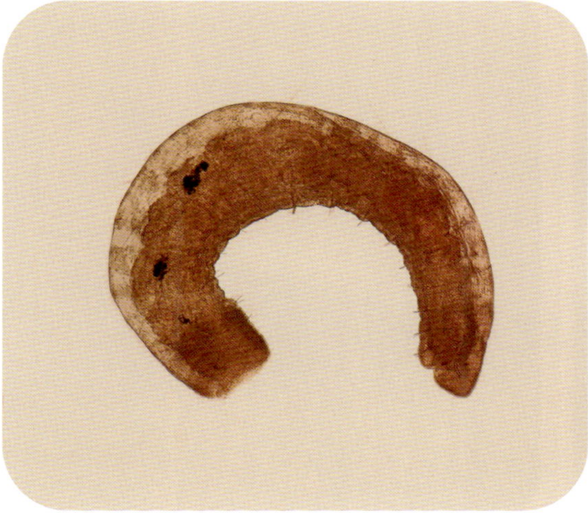

仙女虫属整体观

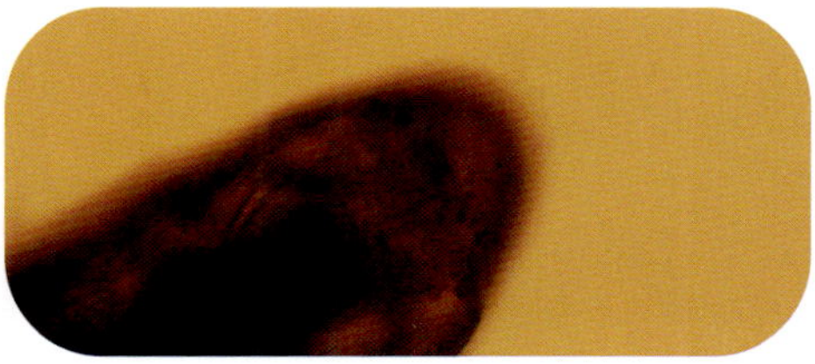

仙女虫属眼点

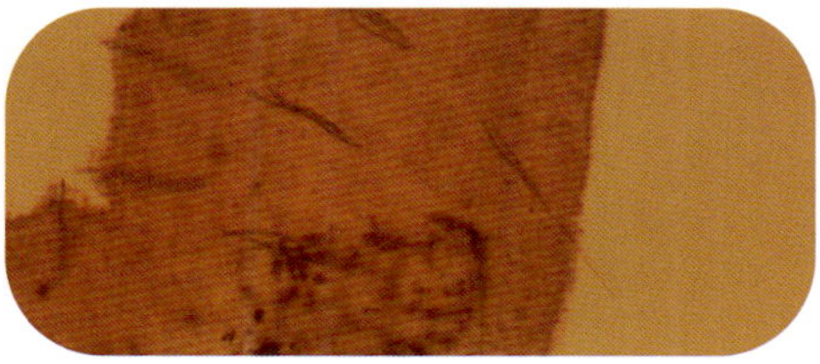

仙女虫属刚毛

2.7 尾鳃蚓属（*Branchiura*）

分类地位

环节动物门（Annelida）—寡毛纲（Oligochaeta）—颤蚓目（Tubificida）—颤蚓科（Tubificidae）—尾鳃蚓属（*Branchiura*）

鉴别特征

本属物种是颤蚓科中体型最大的种类，体长可达 150 mm；体色常呈淡红或淡紫色；前列腺分散，无精荚；从体后端约 1/3 处开始每节背、腹面具一对丝状鳃，最前面的最短，后面逐渐增长。

生境

栖息于底泥中，喜生活在溶解氧多的水体中，种群数量会随污染程度的增加而增加。

采集地

长江流域江南沙嘴上。

尾鳃蚓属整体观

尾鳃蚓属丝状鳃

2.8　水丝蚓属（*Limnodrilus*）

分类地位

环节动物门（Annelida）—寡毛纲（Oligochaeta）—颤蚓目（Tubificida）—颤蚓科（Tubificidae）—水丝蚓属（*Limnodrilus*）

鉴别特征

体腔球缺失；无发状刚毛、栉状刚毛和生殖毛；输精管和射精管均长，精管膨部小，呈豌豆形；前列腺大，具长且厚的阴茎鞘；受精囊内常具精荚。

生境

主要生活在中污染的水体中。

采集地

长江流域江南沙嘴上。

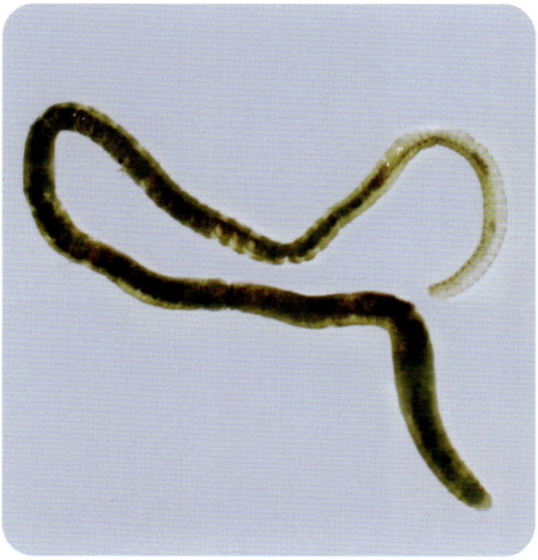

水丝蚓属整体观

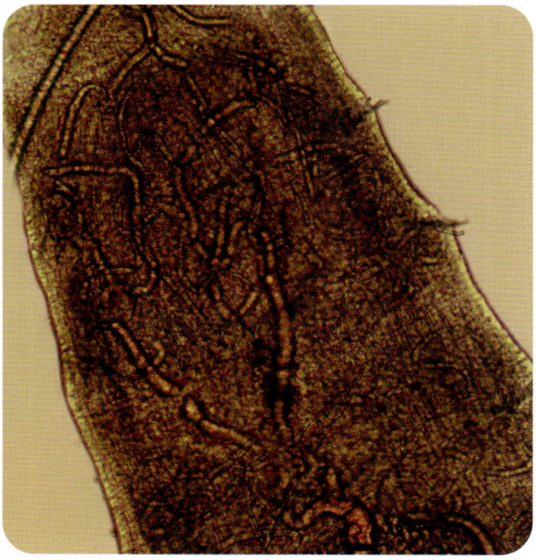

水丝蚓属刚毛

2.9 颤蚓属（*Tubifex*）

分类地位

环节动物门（Annelida）—寡毛纲（Oligochaeta）—颤蚓目（Tubificida）—颤蚓科（Tubificidae）—颤蚓属（*Tubifex*）

鉴别特征

具发状刚毛、针状刚毛和钩状刚毛，针状刚毛栉状排列，位于体前部，腹刚毛钩状；每个精管膨部均具有块状前列腺；体腔球缺失；具精荚；具阴茎。

生境

栖息于河流淤泥中。

采集地

长江流域江南沙嘴上；岷江流域鱼尾坝。

颤蚓属整体观

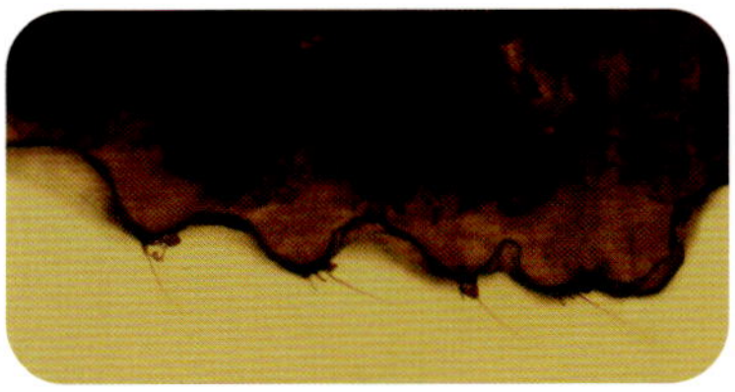

颤蚓属刚毛（一）

颤蚓属刚毛（二）

第 3 章

软体动物门
(Mollusca)

软体动物门（Mollusca）

软体动物门是无脊椎动物的一大类群，通常分为双神经纲（Amphineura）、腹足纲（Gastropoda）、掘足纲（Scaphopoda）、瓣鳃纲（Lamellibranchia）和头足纲（Cephalopoda）五个纲。软体动物身体不分节，左右对称（腹足纲身体不对称），分头、足、内脏囊三部分。软体动物由于身体柔软，大多数运动迟缓。由于其大多数种类具有贝壳，所以又称为贝类。

软体动物门是动物界中第二大门类，种数不少于 13 万种。其淡水种类较少，主要是腹足纲和瓣鳃纲的一些种类。

本图谱收录了宜宾市三江干流常见软体动物 2 纲 4 目 8 科 8 属。

3.1 萝卜螺属（*Radix*）

分类地位

软体动物门（Mollusca）—腹足纲（Gastropoda）—基眼目（Basommatophora）—椎实螺科（Lymnaeidae）—萝卜螺属（*Radix*）

鉴别特征

贝壳中等大小，壳薄，卵圆形；右旋，螺旋部短而尖锐；无厣；螺层4~5层，体螺层极膨大；壳口大；轴缘宽，轴部弯曲。

生境

广泛栖息于各种静水和缓流区域中，也可生活在缺氧的水域中；多见于污染水体中。

采集地

长江流域挂弓山；岷江流域鱼尾坝；金沙江流域三块石。

萝卜螺属壳口正面观

萝卜螺属壳口腹面观

3.2 膀胱螺属（*Physa*）

分类地位

软体动物门（Mollusca）—腹足纲（Gastropoda）—基眼目（Basommatophora）—膀胱螺科（Physidae）—膀胱螺属（*Physa*）

鉴别特征

贝壳卵形，壳质脆薄；螺旋部短，左旋；壳顶尖，壳口卵圆形；内唇扭曲；体螺层极膨大。

生境

喜生活在淡水河流、湖泊、池塘及沼泽地中。

采集地

金沙江流域宝宁村。

膀胱螺属壳口正面观

膀胱螺属壳口腹面观

3.3　旋螺属（*Gyraulus*）

分类地位

软体动物门（Mollusca）—腹足纲（Gastropoda）—基眼目（Basommatophora）—扁卷螺科（Planorbidae）—旋螺属（*Gyraulus*）

鉴别特征

壳小；右旋；由3~5层螺层组成，体螺层近壳口处扩大并斜向下侧；壳口椭圆形；壳面呈黄褐色，壳质较厚。

生境

广泛分布于湖泊、河流、小溪、灌溉沟渠、池塘、稻田、小水洼及沼泽地区，常附着于水草及水中其他物体上；中污染水体中多见。

采集地

岷江流域鱼尾坝；金沙江流域三块石。

旋螺属整体观

3.4 涵螺属（*Alocinma*）

分类地位

软体动物门（Mollusca）—腹足纲（Gastropoda）—中腹足目（Mesogastropoda）—豆螺科（Bithyniidae）—涵螺属（*Alocinma*）

鉴别特征

贝壳略呈球形；螺旋部小；体螺层几乎占了全部贝壳。

生境

栖息于溪流、池塘、沟渠、泉水、沼泽及湖泊等水域中，喜水草丰富的水域。

采集地

金沙江流域三块石。

涵螺属壳口正面观

涵螺属壳口腹面观

3.5　短沟蜷属（*Semisulcospira*）

分类地位

软体动物门（Mollusca）—腹足纲（Gastropoda）—中腹足目（Mesogastropoda）—短沟蜷科（Semisulcospiridae）—短沟蜷属（*Semisulcospira*）

鉴别特征

贝壳中等大小，长圆锥形、卵圆锥形或塔形；壳面上具有纵肋或纵肋及螺棱交叉而成的瘤状结节；厣为角质，小于壳口，缩入壳口内，具有螺旋状的生长纹。

生境

栖息于湖泊、河流、池塘、沟渠、山溪中；轻污染水体中多见。

采集地

长江流域纳溪大渡口。

短沟蜷属整体观

3.6 狭口螺属（*Stenothyra*）

分类地位

软体动物门（Mollusca）—腹足纲（Gastropoda）—中腹足目（Mesogastropoda）—狭口螺科（Stenothyridae）—狭口螺属（*Stenothyra*）

鉴别特征

壳小，呈长卵形；壳口小，呈圆形；螺层凸胀，少于5层；壳面光滑或具旋向饰纹。

生境

生活在水底为沙底、泥沙底或淤泥底的淡水水域或咸淡水水域中。

采集地

金沙江流域三块石、石门子。

狭口螺属壳口正面观

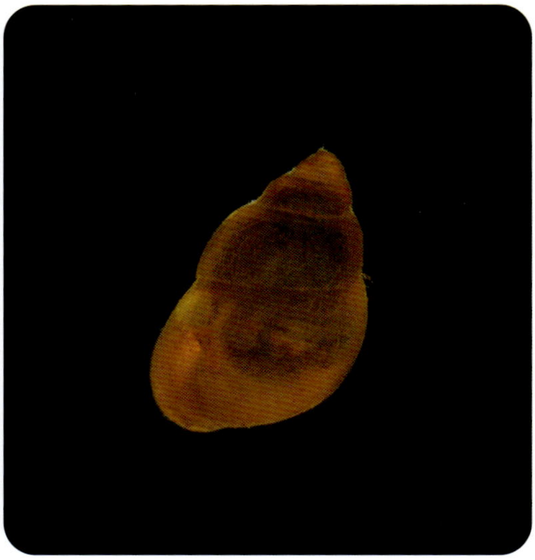

狭口螺属壳口腹面观

■3.7　湖沼股蛤（淡水壳菜）（*Limnoperna lacustris*）

分类地位

软体动物门（Mollusca）—瓣鳃纲（Lamellibranchia）—贻贝目（Mytiloida）—贻贝科（Mytilidae）—股蛤属（*Limnoperna*）—湖沼股蛤（淡水壳菜）（*Limnoperna lacustris*）

鉴别特征

贝壳小，质薄，呈楔形，其前、后两端形状不同，前端较细，后端宽圆；壳顶几乎位于壳前端；背缘弯，腹缘较直；具足丝。

生境

生活在水流较缓的流水环境中，常见于最低水位线以下，以足丝固着生存。

采集地

长江流域挂弓山、江南沙嘴上、纳溪大渡口；金沙江流域宝宁村、三块石、石门子；岷江流域月波、麻柳坝、鱼尾坝。

湖沼股蛤整体观

3.8 蚬属（*Corbicula*）

分类地位

软体动物门（Mollusca）—瓣鳃纲（Lamellibranchia）—帘蛤目（Veneroida）—蚬科（Corbiculidae）—蚬属（*Corbicula*）

鉴别特征

与球蚬科物种外形相似，贝壳呈卵状三角形或圆状三角形，有时壳顶高峻；有显著强壮的 3 枚主齿，前、后侧齿长；幼壳壳皮上有黄绿色的线条或斑点，内面紫色。

生境

多栖息于底质为沙、泥沙或淤泥的江河、湖泊、沟渠、池塘及河口咸淡水等水域中；中污染水体中多见。

采集地

长江流域江南沙嘴上；金沙江流域三块石、石门子。

蚬属整体观

第 4 章

节肢动物门

(Arthropoda)

节肢动物门（Arthropoda）

节肢动物是身体分节、附肢也分节的动物，一般由头、胸、腹三部分组成。节肢动物门是动物界中种类最多的一门。已知的节肢动物有100多万种，占动物总数的80%以上。

底栖生活的节肢动物主要由昆虫纲的水生昆虫及软甲纲的虾类、蟹类等组成。

本图谱收录了宜宾市三江干流常见节肢动物3纲12目33科49属。

4.1　水螨科（Hydrachnidae）

分类地位

节肢动物门（Arthropoda）— 蛛形纲（Arachnida）— 恙螨目（Trombidiformes）— 水螨科（Hydrachnidae）

鉴别特征

由颚体和躯体组成，躯体不分段（节）；颚体上具有 1 对螯肢、1 对须肢；幼螨具 3 对足，若螨、成螨具 4 对足；背面具腺毛和侧眼；体壁上具骨化的骨片或背板。

生境

主要分布在流水中，少见于静态水域（如湖泊、水库、池塘等）中。

采集地

长江流域挂弓山、江南沙嘴上、纳溪大渡口；金沙江流域三块石、石门子；岷江流域月波、麻柳坝、鱼尾坝。

水螨科正面观

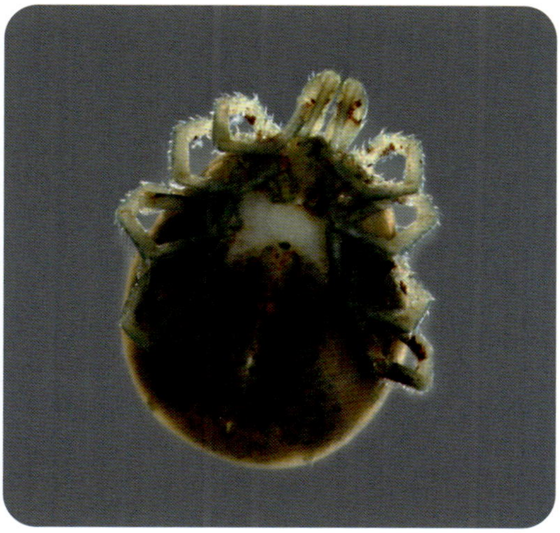

水螨科腹面观

4.2　龙虱科（Dytiscidae）

分类地位

节肢动物门（Arthropoda）— 昆虫纲（Insecta）— 鞘翅目（Coleoptera）— 龙虱科（Dytiscidae）

鉴别特征

幼虫蛃型；趾节上有一对爪；腹部仅具 8 节，末端一节无钩状结构。成虫长卵形，体扁平光滑；头壳部分插入前胸背板中；触角丝状，共 11 节；鞘翅具条纹或点刻，后翅发达；后足具游泳刷。

生境

广泛分布，常见于各类静水体生境中，也可生活在缓流生境中。

采集地

岷江流域麻柳坝。

龙虱科正面观

龙虱科腹面观

■4.3　溪泥甲科（Elmidae）

分类地位

节肢动物门（Arthropoda）—昆虫纲（Insecta）—鞘翅目（Coleoptera）—溪泥甲科（Elmidae）

鉴别特征

幼虫细长，呈圆筒状；触角为 3 节，胸足为 3 对；腹部具 9 个体节，腹部末端具臀鳃和第 9 腹板形成的肛上板。成虫长椭圆形；触角细而长，呈丝状或棒槌状；足具强壮的长爪。

生境

喜栖息在山地溪流中，多见于清洁水体中。

采集地

长江流域挂弓山、江南沙嘴上、纳溪大渡口；金沙江流域石门子；岷江流域月波、麻柳坝、鱼尾坝。

溪泥甲科幼虫整体观

溪泥甲科幼虫头部

溪泥甲科幼虫尾部

溪泥甲科成虫正面观

溪泥甲科成虫腹面观

4.4 隐翅甲科（Staphylinidae）

分类地位

节肢动物门（Arthropoda）— 昆虫纲（Insecta）— 鞘翅目（Coleoptera）— 隐翅甲科（Staphylinidae）

鉴别特征

体狭长；鞘翅短，近腹部末端截形；体色呈黄色、褐色、蓝色，较光滑，覆有细毛；具发达口器；触角有 10~11 节，少为 9 节，呈丝状或棍棒状；腹板有 6 节或 7 节，腹部末端具尾毛状突起。

生境

多栖息在河流、溪流、湖泊等的水陆交错地带。

采集地

岷江流域麻柳坝。

隐翅甲科整体观

隐翅甲科胸部

■4.5　蠓科（Ceratopogonidae）

分类地位

节肢动物门（Arthropoda）— 昆虫纲（Insecta）— 双翅目（Diptera）— 蠓科（Ceratopogonidae）

鉴别特征

幼虫体呈细长杆状，体长 4~6 mm；头部触角退化，呈黄褐色，眼点大、小各 2 个；胸、腹部各节呈圆筒状；胸部各节前部具 6 根轮生刚毛；腹部背板、腹板具刚毛；前胸及腹末无原足；尾端具 4 根长刚毛。

生境

栖息于植物残枝及腐殖质堆积处，丝状藻堆积表面也有分布；常见于中污染水体中。

采集地

岷江流域月波、麻柳坝、鱼尾坝。

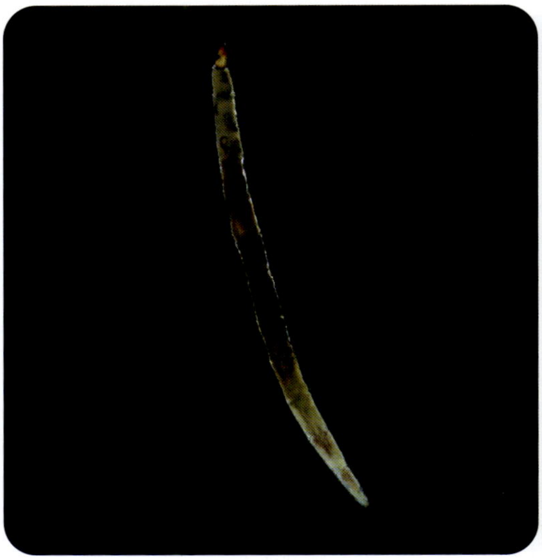

蠓科整体观

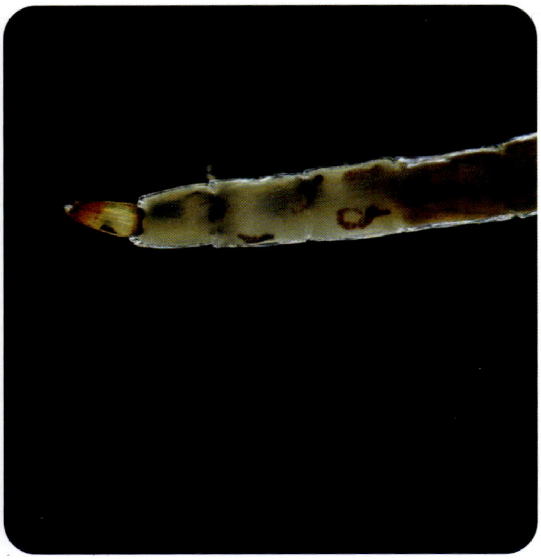

蠓科头胸部

4.6 隐摇蚊属（*Cryptochironomus*）

分类地位

节肢动物门（Arthropoda）— 昆虫纲（Insecta）— 双翅目（Diptera）— 摇蚊科（Chironomidae）— 摇蚊亚科（Chironominae）— 隐摇蚊属（*Cryptochironomus*）

鉴别特征

本属幼虫为中型至大型，体长可达 15 mm；触角 5~6 节，触角芒位于第 2 节、第 3 节端部，无劳氏器；颏前缘凹陷，具宽的淡色中齿和几对暗色、透明的侧齿；腹颏板明显宽于颏，侧端尖锥形，影线细。

生境

栖息于小溪、河流、湖泊等多种生境的底质中。

采集地

长江流域江南沙嘴上。

隐摇蚊属整体观

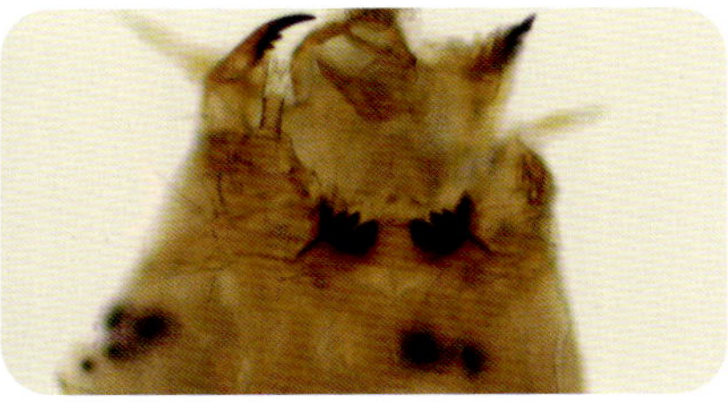

隐摇蚊属腹颏

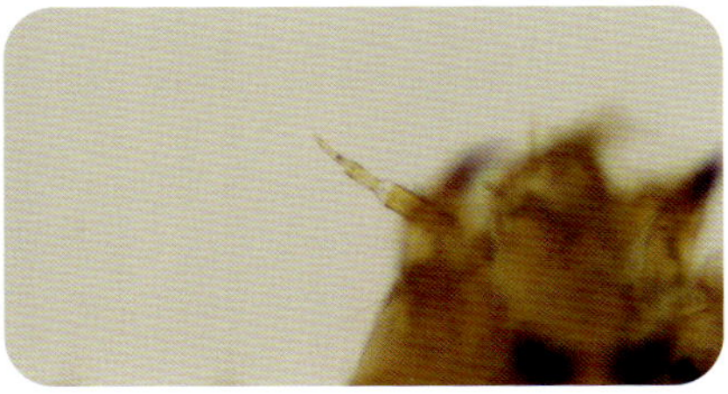

隐摇蚊属触角

4.7 拟长跗摇蚊属（*Paratanytarsus*）

分类地位

节肢动物门（Arthropoda）— 昆虫纲（Insecta）— 双翅目（Diptera）— 摇蚊科（Chironomidae）— 摇蚊亚科（Chironominae）— 拟长跗摇蚊属（*Paratanytarsus*）

鉴别特征

本属幼虫为中型，体长 7 mm 左右；腹颏板中间连接或分离，距离短于中齿宽度，呈长方形，影线多为平行线；颏中齿圆形或侧缘有缺刻，侧齿 4~5 对；前上颚具 2 个齿；劳氏器发达、无柄；触角 5 节，触角托端部无刺突。

生境

生活在河流及湖泊的沿岸带。

采集地

岷江流域鱼尾坝。

拟长跗摇蚊属整体观

拟长跗摇蚊属腹颏

4.8 多足摇蚊属（*Polypedilum*）

分类地位

节肢动物门（Arthropoda）— 昆虫纲（Insecta）— 双翅目（Diptera）— 摇蚊科（Chironomidae）— 摇蚊亚科（Chironominae）— 多足摇蚊属（*Polypedilum*）

鉴别特征

本属幼虫为中型至大型，体长 5~14 mm，体色淡橘红色至深红色；触角 5~6 节，第 1 节长于鞭节，环器位于第 1 节基部近 1/4 处；劳氏器对生或互生；颏中齿 4 个，中央 2 个高于外侧 2 个，颏中齿两侧不与腹颏板前端相接；腹颏板中间距离宽，宽度至少是颏宽的 1.2 倍，具细或粗的完整影线；内唇栉分为 3 部分，端部具齿。

生境

广泛分布在各种静水或流水水域中。

采集地

长江流域江南沙嘴上；岷江流域月波、鱼尾坝。

多足摇蚊属整体观

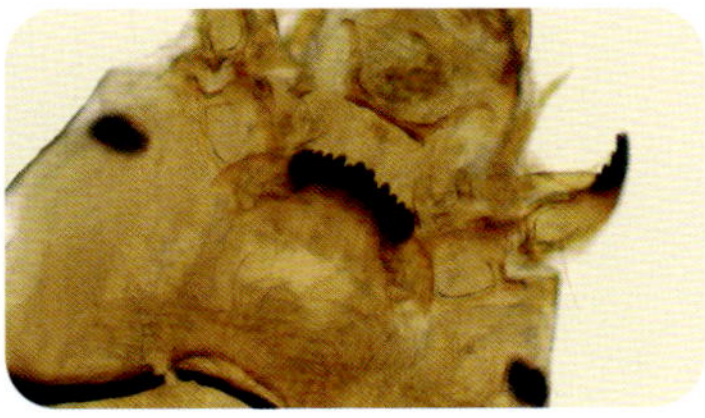

多足摇蚊属腹颏

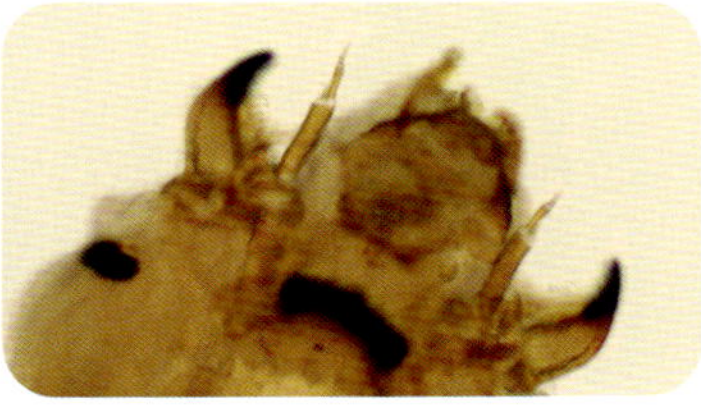

多足摇蚊属触角

4.9　流长跗摇蚊属（*Rheotanytarsus*）

分类地位

节肢动物门（Arthropoda）—昆虫纲（Insecta）—双翅目（Diptera）—摇蚊科（Chironomidae）—摇蚊亚科（Chironominae）—流长跗摇蚊属（*Rheotanytarsus*）

鉴别特征

本属幼虫为小型，体长 5 mm 左右；触角 5 节，第 1 节长于鞭节，基部具 1 个环器，第 2 节与末节等长；劳氏器小，柄细弱，柄长不超过 3~5 节触角总长的 1.5 倍；颏侧齿 5 对，颏中齿 1 个，颏中齿侧缘具缺刻，有时明显分为 3 个齿；腹颏板中部几乎相连，前缘明显弯曲。

生境

分布于小溪、河流中，喜冷水环境；有筑巢习惯，多依附石块或植物体筑巢。

采集地

岷江流域月波、麻柳坝。

流长跗摇蚊属整体观

流长跗摇蚊属腹颏

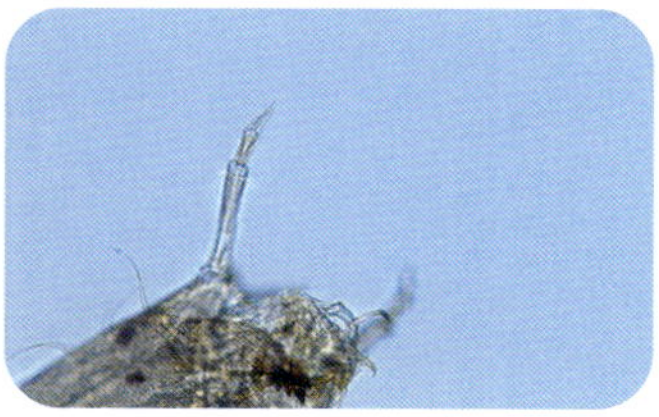

流长跗摇蚊属触角

4.10 同波摇蚊属（*Sympotthastia*）

分类地位

节肢动物门（Arthropoda）—昆虫纲（Insecta）—双翅目（Diptera）—摇蚊科（Chironomidae）—寡角摇蚊亚科（Diamesinae）—同波摇蚊属（*Sympotthastia*）

鉴别特征

本属幼虫为中型，体长 7 mm 左右；触角 5 节，第 5 节长于第 4 节，第 2 节端部的环纹与第 3 节的环纹分界明显，触角芒长于第 3 节；劳氏器短；上颚端齿长度短于 4 个内齿的长度，前上颚具齿，颏侧齿色浅，齿式明显，中齿前缘平，中齿和第 1 侧齿色浅；腹颏发达。

生境

喜栖息于溪流水体中，喜寒冷流水；清洁水体中常见。

采集地

岷江流域月波、麻柳坝。

同波摇蚊属整体观

同波摇蚊属腹颏

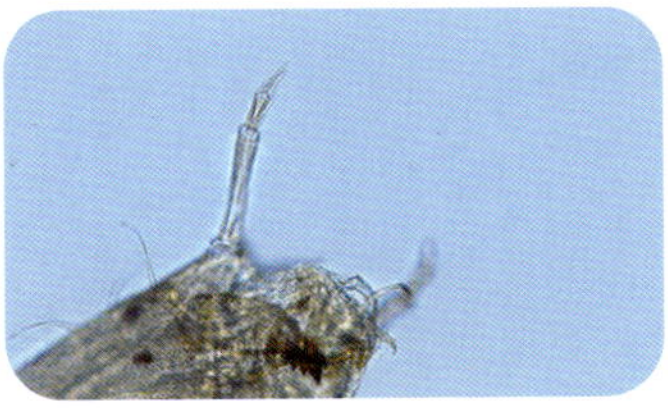

同波摇蚊属触角

4.11　布摇蚊属（*Brillia*）

分类地位

节肢动物门（Arthropoda）—昆虫纲（Insecta）—双翅目（Diptera）—摇蚊科（Chironomidae）—直突摇蚊亚科（Orthocladiinae）—布摇蚊属（*Brillia*）

鉴别特征

本属幼虫中等大小，体长 9 mm 左右；触角 4 节，各节依次缩小，触角芒着生于第 2 节顶端；劳氏器明显；上唇片为 2 个宽的梳状片，上颚端齿的宽度短于 4 个内齿的宽度，具 6~7 根锯齿形或羽状上颚刷；腹颏板小，无腹颏鬃；颏具 5 对侧齿和 2 个大的中齿，通常 2 个中齿间具一个小齿。

生境

分布于流水中或湖泊沿岸上。

采集地

岷江流域鱼尾坝。

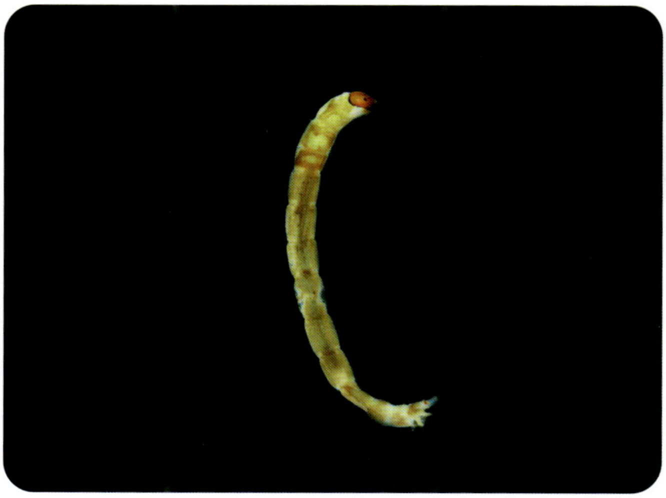

布摇蚊属整体观

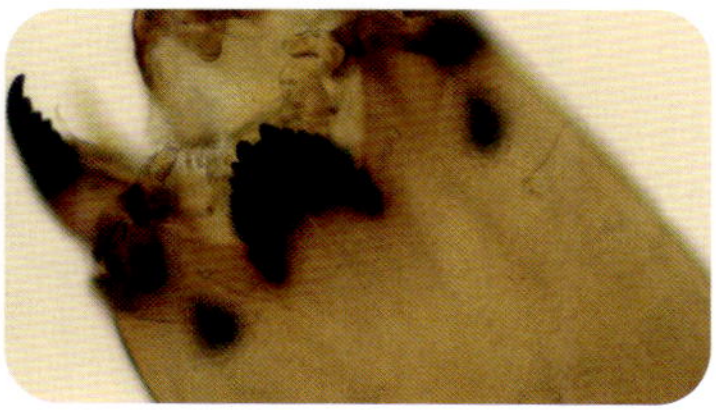

布摇蚊属腹颏

布摇蚊属触角

4.12 环足摇蚊属（*Cricotopus*）

分类地位

节肢动物门（Arthropoda）—昆虫纲（Insecta）—双翅目（Diptera）—摇蚊科（Chironomidae）—直突摇蚊亚科（Orthocladiinae）—环足摇蚊属（*Cricotopus*）

鉴别特征

幼虫中等大小，体长 8 mm 左右；触角 4~5 节，各节依次缩小或第 3 节、第 4 节等长，环器位于第 1 节基部 1/3 处，触角叶一般不超过触角末节；体节具毛簇或单毛；上颚内缘具细齿或外缘具明显褶皱；颏侧齿 5~7 对；腹颏板窄，无鬃。

生境

分布范围广，各种淡水水体、咸水湖及近海地区都有分布。

采集地

金沙江流域三块石；岷江流域月波、鱼尾坝。

环足摇蚊属整体观

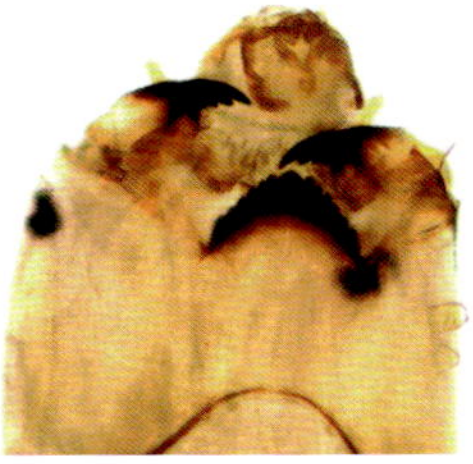

环足摇蚊属腹颏

环足摇蚊属上颚

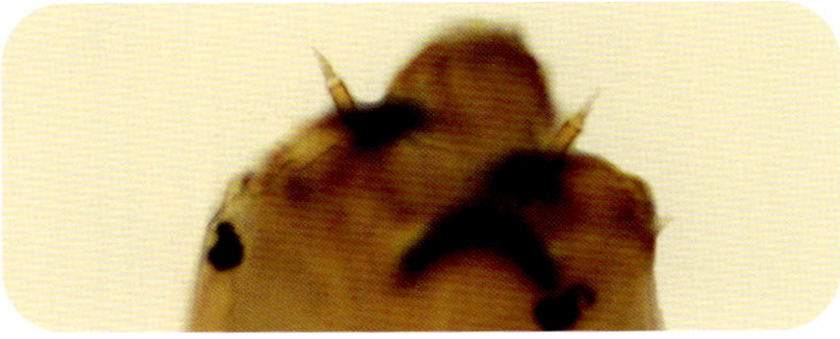

环足摇蚊属触角

4.13　直突摇蚊属（*Orthocladius*）

分类地位

节肢动物门（Arthropoda）—昆虫纲（Insecta）—双翅目（Diptera）—摇蚊科（Chironomidae）—直突摇蚊亚科（Orthocladiinae）—直突摇蚊属（*Orthocladius*）

鉴别特征

本属幼虫为中型至大型，体长 12 mm 左右；触角 4~5 节，各节依次缩小或第 3 节、第 4 节等长，环器位于第 1 节基部 1/3 处，触角叶不超过鞭节；上颚具 1 个端齿和 3 个内齿，上颚内缘无细齿；腹颏板小，颏具侧齿 6~9 对、中齿 1 个。

生境

生活在各种水体中。

采集地

长江流域江南沙嘴上。

直突摇蚊属整体观

直突摇蚊属腹颏

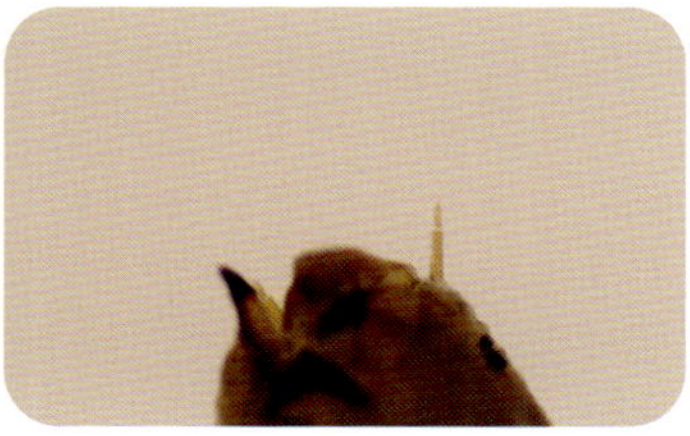

直突摇蚊属触角

4.14 无突摇蚊属（*Ablabesmyia*）

分类地位

节肢动物门（Arthropoda）— 昆虫纲（Insecta）— 双翅目（Diptera）— 摇蚊科（Chironomidae）— 长足摇蚊亚科（Tanypodinae）— 无突摇蚊属（*Ablabesmyia*）

鉴别特征

幼虫体细长，体长可达 11 mm，体色淡黄色至褐色，无游泳缨毛；头呈长椭圆形；背颏不具齿列；肛管的长至少为其宽的 3 倍；下颚须基节分为 2~5 节；唇舌齿凹陷明显，内齿尖且向外弯。

生境

喜生活在各种静水和流水中。

采集地

长江流域江南沙嘴上。

无突摇蚊属整体观

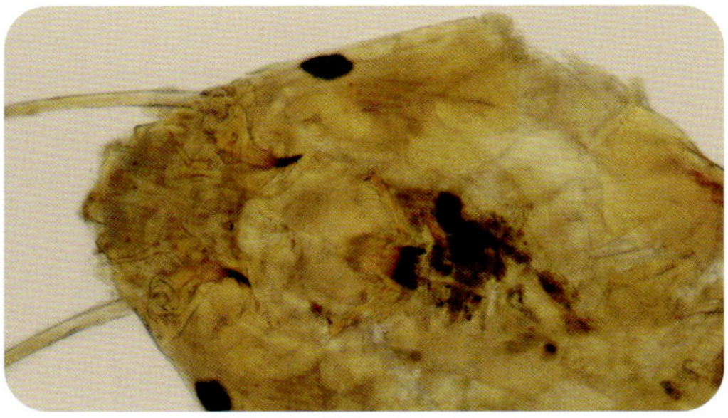

无突摇蚊属唇舌

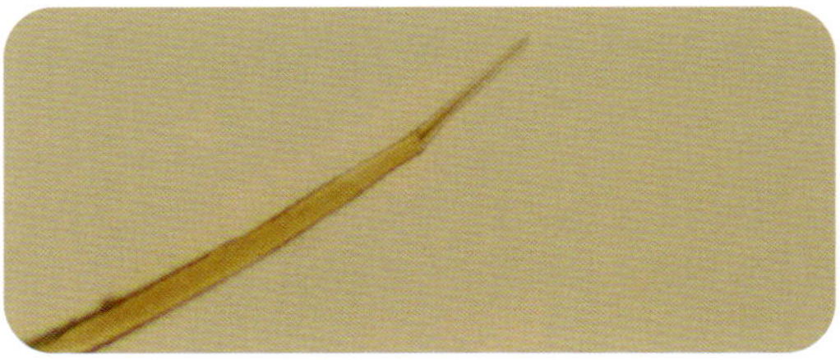

无突摇蚊属触角

无突摇蚊属下颚须

4.15　蚊科（Culicidae）

分类地位

节肢动物门(Arthropoda)— 昆虫纲(Insecta)— 双翅目(Diptera)— 蚊科(Culicidae)

鉴别特征

幼虫明显分头、胸、腹三部分，头部大；触角很长；胸部膨大，且体节不明显；具顶生短鬃毛；体长可达 12 mm。

生境

该科物种的卵、幼虫、蛹期均生活在水中，可在湖泊、沼泽、稻田、水塘、沟渠、泉潭、水井、水坑、缸罐，以及树洞、叶脉和捕虫植物囊袋的积水中发现。

采集地

岷江流域鱼尾坝。

蚊科整体观

蚊科头部

4.16 蚋科（Simuliidae）

分类地位

节肢动物门(Arthropoda)—昆虫纲(Insecta)—双翅目(Diptera)—蚋科(Simuliidae)

鉴别特征

幼虫头壳完整、硬化；触角扇状；胸部背面常隆起，胸部腹面具一个伪足；腹部末端膨大，腹末端有 1 个吸盘和可以收缩的气囊。

生境

幼虫栖息于流动的水体中，如大小河流、山地溪流等处；喜栖息于清洁水体中。

采集地

长江流域纳溪大渡口；金沙江流域石门子；岷江流域鱼尾坝。

蚋科整体观

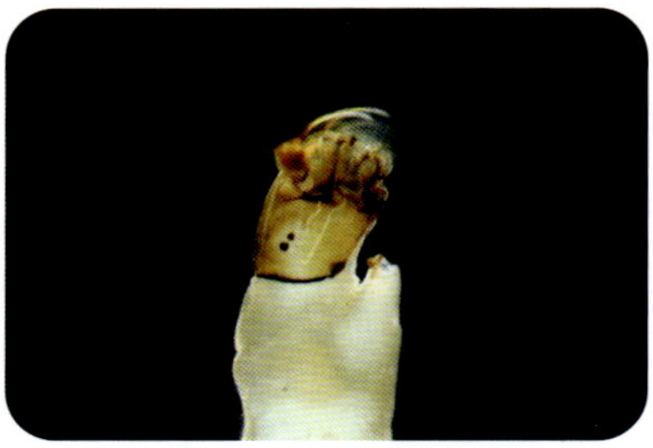

蚋科头部

蚋科尾部

4.17　大蚊科（Tipulidae）

分类地位

节肢动物门(Arthropoda)—昆虫纲(Insecta)—双翅目(Diptera)—大蚊科(Tipulidae)

鉴别特征

幼虫头部为半头形或退化为棍棒状；体较柔软，多呈圆柱形，每一体节上具1个或多个横褶；腹端末节气门周围具叶状结构，有时具气门鳃。

生境

喜栖息于山地河流、溪流等清洁水体中。

采集地

金沙江流域石门子；岷江流域月波、麻柳坝、鱼尾坝。

大蚊科A种整体观

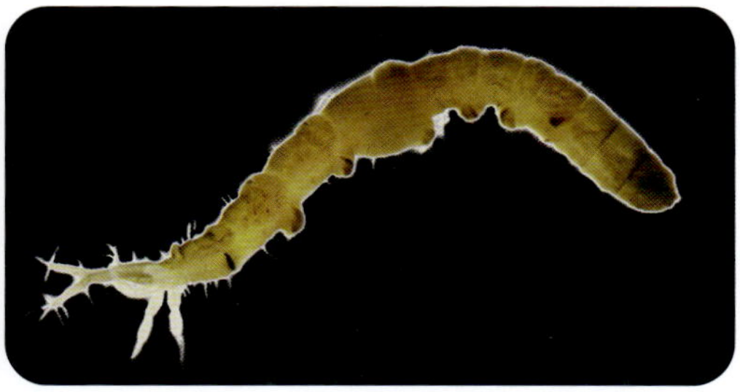

大蚊科B种整体观

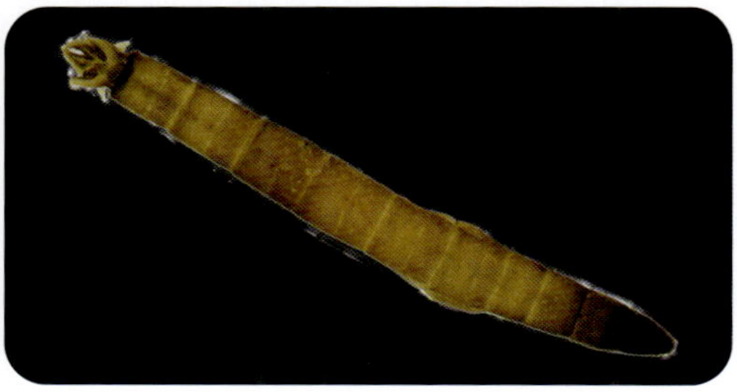

大蚊科C种整体观

4.18 丽翅蜉属（*Alainites*）

分类地位

节肢动物门（Arthropoda）— 昆虫纲（Insecta）— 蜉蝣目（Ephemeroptera）— 四节蜉科（Baetidae）— 丽翅蜉属（*Alainites*）

鉴别特征

右上颚臼齿呈刺状；下颚须 3 节，第 2 节与第 3 节的交接缝为斜向；下唇须 3 节，第 3 节比第 2 节宽；腿节无微毛瘤；侧肛板中后角明显突起，具刺；鳃 6~7 对，边缘锯齿状且具细毛；尾丝 3 根。

生境

分布区域较广泛，静水或流水水域均有分布。

采集地

长江流域江南沙嘴上。

丽翅蜉属整体观

丽翅蜉属后足

4.19　四节蜉属（*Baetis*）

分类地位

节肢动物门（Arthropoda）— 昆虫纲（Insecta）— 蜉蝣目（Ephemeroptera）— 四节蜉科（Baetidae）— 四节蜉属（*Baetis*）

鉴别特征

上颚缺少细毛簇，下颚须 2 节；下唇须 3 节，第 2 节的内侧隆起；前腿节具毛瘤，前胫节无成排的毛；爪弯曲强烈，其内侧排列着一列齿；鳃 7 对，单片。

生境

幼虫喜栖息于山地河流处的水生植物间，多见于轻污染水体中。

采集地

长江流域挂弓山、江南沙嘴上、纳溪大渡口；金沙江流域三块石、石门子；岷江流域月波、麻柳坝、鱼尾坝。

四节蜉属整体观

四节蜉属爪

■4.20 花翅蜉属（*Baetiella*）

分类地位

节肢动物门（Arthropoda）— 昆虫纲（Insecta）— 蜉蝣目（Ephemeroptera）— 四节蜉科（Baetidae）— 花翅蜉属（*Baetiella*）

鉴别特征

肢爪弯曲强烈，其内侧排列着一列牙齿；体细长，身体截面呈圆形；腹部背板常具单个或成对的瘤突，后缘突成明显刺状；前足腿节具长毛，胫节具 1 列刺，跗节端部不具长刺；鳃单片，圆形；尾丝 2 根。

生境

幼虫喜附着在山地溪流的砾石表面，喜清洁水体。

采集地

岷江流域月波、鱼尾坝。

花翅蜉属整体观

花翅蜉属头部

花翅蜉属尾部

4.21　原二翅蜉属（*Procloeon*）

分类地位

节肢动物门（Arthropoda）— 昆虫纲（Insecta）— 蜉蝣目（Ephemeroptera）— 四节蜉科（Baetidae）— 原二翅蜉属（*Procloeon*）

鉴别特征

各肢爪略微弯曲，其内侧或没有牙齿，或有 2 列牙齿；下唇须末端节的外侧不突出；第 1~6 腹节的左、右鳃由单叶或两叶组成，两叶时上叶明显小于下叶；大颚的门牙无深缺刻；尾丝有 3 根。

生境

幼虫喜生活在清洁河流水体的砾石间。

采集地

长江流域江南沙嘴上；岷江流域麻柳坝。

原二翅蜉属整体观

原二翅蜉属鳃及足

4.22 细蜉属（*Caenis*）

分类地位

节肢动物门（Arthropoda）— 昆虫纲（Insecta）— 蜉蝣目（Ephemeroptera）— 细蜉科（Caenidae）— 细蜉属（*Caenis*）

鉴别特征

幼虫体细小，体长 2~7 mm；头部没有刺突；第 2 腹节上的鳃极大，呈四方形，第 3~6 腹节上的鳃单叶、片状，外缘呈缨毛状；前肢与中、后肢差不多长；3 根尾丝，节间具细毛。

生境

幼虫多栖息于静水水体底质中；多见于中污染偏轻污染的水体中。

采集地

岷江流域月波。

细蜉属整体观

细蜉属头部

细蜉属鳃及尾部

4.23 蜉蝣属（*Ephemera*）

分类地位

节肢动物门（Arthropoda）— 昆虫纲（Insecta）— 蜉蝣目（Ephemeroptera）— 蜉蝣科（Ephemeridae）— 蜉蝣属（*Ephemera*）

鉴别特征

幼虫额突明显，前缘中央凹陷，呈不明显的两叉状；触角基部强烈突出，端部呈分叉状；上唇近圆形，前缘强烈突出；上颚牙明显，横截面呈圆形；前足不明显退化。

生境

穴居于静水水体的泥沙底质中。

采集地

岷江流域月波、麻柳坝。

蜉蝣属整体观

蜉蝣属头部

蜉蝣属鳃

蜉蝣属尾部

4.24 锯形蜉属（*Serratella*）

分类地位

节肢动物门（Arthropoda）— 昆虫纲（Insecta）— 蜉蝣目（Ephemeroptera）— 小蜉科（Ephemerellidae）— 锯形蜉属（*Serratella*）

鉴别特征

幼虫下颚须较退化或无；鳃位于第3~7节腹、背两侧，前4对形状相似，每对背面、腹面各1枚，背鳃膜质，腹鳃分成二叉状，每叉又分为许多小叶，最后1对鳃较小，且腹鳃不分成二叉状，仅分成6~10片小叶；尾丝节间具1圈小刺或长细毛，尾丝短于体长。

生境

喜栖息于清洁水体的砾石间。

采集地

长江流域挂弓山；金沙江流域石门子；岷江流域麻柳坝。

锯形蜉属整体观

锯形蜉属腹面观

4.25 似动蜉属（*Cinygmina*）

分类地位

节肢动物门（Arthropoda）— 昆虫纲（Insecta）— 蜉蝣目（Ephemeroptera）— 扁蜉科（Heptageniidae）— 似动蜉属（*Cinygmina*）

鉴别特征

具 3 根尾丝，尾丝各节具短刺；小颚腹面的长毛排成规则的一列；第 5 对和第 6 对鳃膜片部分的顶端常具 1 个细长的丝状突起。

生境

多栖息于湖泊和大型河流的近岸缓流处、石块和枯枝落叶等下方，喜生活于清洁流水环境中。

采集地

长江流域挂弓山、江南沙嘴上、纳溪大渡口；金沙江流域宝宁村、三块石、石门子；岷江流域月波、麻柳坝、鱼尾坝。

似动蜉属背面观

似动蜉属腹面观

似动蜉属鳃

4.26 扁蚴蜉属（*Ecdyonurus*）

分类地位

节肢动物门（Arthropoda）— 昆虫纲（Insecta）— 蜉蝣目（Ephemeroptera）— 扁蜉科（Heptageniidae）— 扁蚴蜉属（*Ecdyonurus*）

鉴别特征

小颚腹面的长毛不规则；下唇中舌的前端很宽；前胸背板后侧角突出，并向后延伸到中胸背板的侧面；鳃 7 对，第 1 对鳃的膜片部分较小，各鳃的丝状部分发达；尾丝 3 根，其两侧具毛，节间具刺。

生境

常分布于清洁河流水体中。

采集地

长江流域江南沙嘴上；岷江流域月波、鱼尾坝。

扁蚴蜉属整体观

扁蚴蜉属特征观

4.27　高翔蜉属（*Epeorus*）

分类地位

节肢动物门（Arthropoda）— 昆虫纲（Insecta）— 蜉蝣目（Ephemeroptera）— 扁蜉科（Heptageniidae）— 高翔蜉属（*Epeorus*）

鉴别特征

下颚表面具 1 细毛列；鳃 7 对，第 1 对鳃的膜片部分扩大延伸至腹面，二者在腹面接触或不接触；仅具 2 根尾丝，尾丝上具刺和细毛。

生境

幼虫栖息于清洁河流水体的砾石间。

采集地

金沙江流域石门子。

高翔蜉属正面观

高翔蜉属腹面观

4.28 扁蜉属（*Heptagenia*）

分类地位

节肢动物门（Arthropoda）—昆虫纲（Insecta）—蜉蝣目（Ephemeroptera）—扁蜉科（Heptageniidae）—扁蜉属（*Heptagenia*）

鉴别特征

上唇的宽度较宽（纵宽小于横宽）；下颚顶端密生栉状齿，腹表面具 1 细毛列；鳃 7 对，各对鳃分为膜片部分和丝状部分；尾丝 3 根，各节节间具明显的刺。

生境

生活在湖泊和大型河流的近岸缓流处的底质中，是清洁环境中的常见物种。

采集地

长江流域江南沙嘴上；金沙江流域宝宁村、三块石、石门子；岷江流域月波、鱼尾坝。

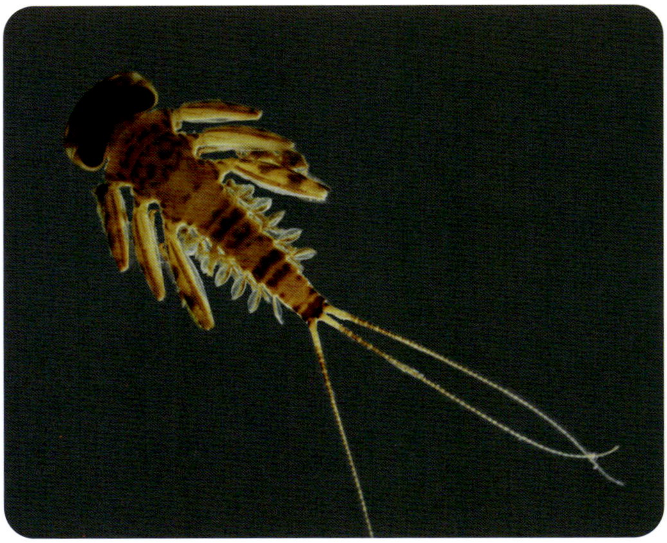

扁蜉属正面观

扁蜉属腹面观

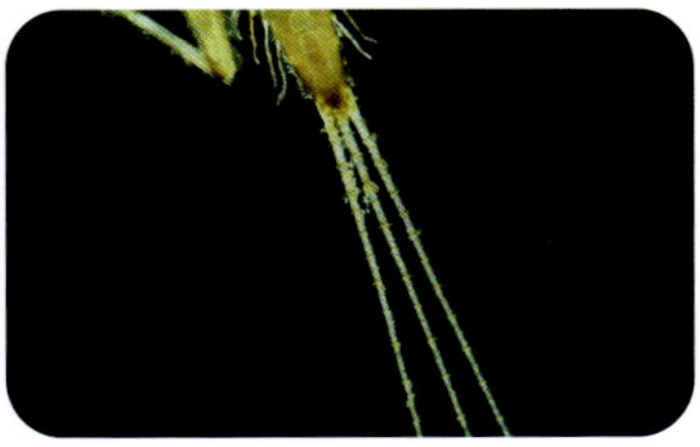

扁蜉属尾丝

4.29 宽基蜉属（*Choroterpes*）

分类地位

节肢动物门（Arthropoda）— 昆虫纲（Insecta）— 蜉蝣目（Ephemeroptera）— 细裳蜉科（Leptophlebiidae）— 宽基蜉属（*Choroterpes*）

鉴别特征

鳃 7 对；第 1 对鳃丝状，单枚；第 2~7 对鳃相似，基本呈片状，后缘分裂为 3 枚尖突状。

生境

栖息于急流处的砾石下面，是生活在溶解氧高的清洁水体的代表物种。

采集地

岷江流域月波。

宽基蜉属整体观

宽基蜉属头部

宽基蜉属鳃

■4.30 拟细裳蜉属（*Paraleptophlebia*）

分类地位

节肢动物门（Arthropoda）— 昆虫纲（Insecta）— 蜉蝣目（Ephemeroptera）— 细裳蜉科（Leptophlebiidae）— 拟细裳蜉属（*Paraleptophlebia*）

鉴别特征

具小颚须；下唇须不长，从头部侧缘不明显突出；鳃 7 对，单枚，分成二叉状，分叉基本到达基部。

生境

幼虫喜生活在清洁河流上游的溪流中，栖息于高氧水体中的砾石间。

采集地

长江流域挂弓山、江南沙嘴上；岷江流域麻柳坝。

拟细裳蜉属正面观

拟细裳蜉属头部正面观

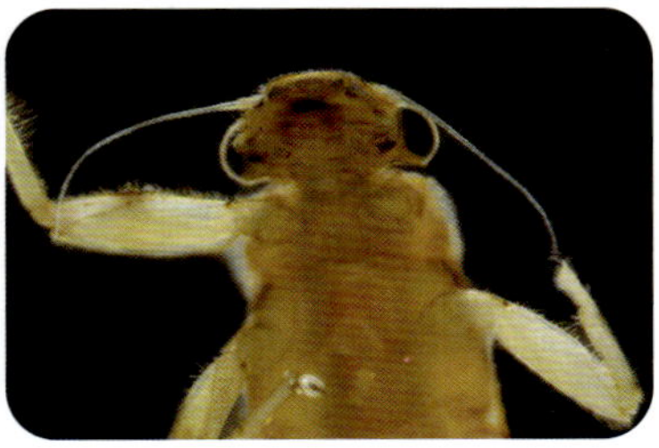

拟细裳蜉属头部腹面观

4.31 负子蝽属（*Diplonychus*）

分类地位

节肢动物门（Arthropoda）— 昆虫纲（Insecta）— 半翅目（Hemiptera）— 负子蝽科（Belostomatidae）— 负子蝽属（*Diplonychus*）

鉴别特征

体中型大小，呈椭圆形，体色从黄褐色到棕褐色；头部呈三角形；触角 4 节，喙粗壮；前胸背板梯形；中胸具发达的小盾片，呈三角形；前足腿节粗壮，跗节为 1 节，具 2 小爪；中、后足密被粗刺和长毛，跗节均为 3 节，具 2 爪；腹部腹面中央光滑，呈屋脊状隆起。

生境

中污染水体中常见。

采集地

长江流域纳溪大渡口。

负子蝽属侧面观

负子蝽属腹面观

4.32 小划蝽属（*Micronecta*）

分类地位

节肢动物门（Arthropoda）— 昆虫纲（Insecta）— 半翅目（Hemiptera）— 划蝽科（Corixidae）— 小划蝽亚科（Micronectinae）—小划蝽属（*Micronecta*）

鉴别特征

个体小型，体长不足 2 mm；体色为黄褐色，复眼为黑色；头短，喙短，小盾片呈明显三角形；中足细长，后足特化为扁桨状。

生境

中污染水体中常见。

采集地

金沙江流域三块石。

小划蝽属正面观

小划蝽属腹面观

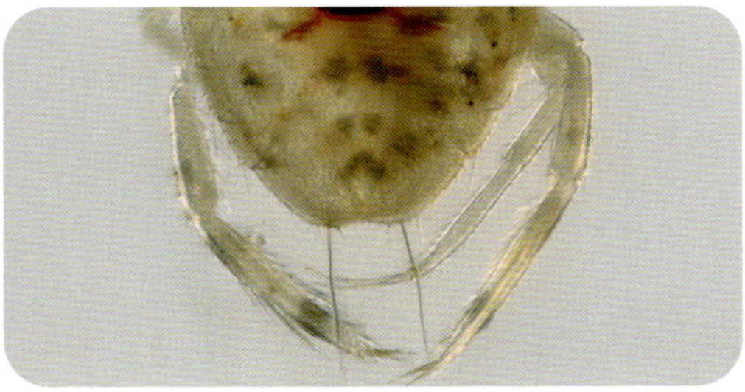

小划蝽属游泳足

4.33　螟蛾科（Pyralidae）

分类地位

节肢动物门（Arthropoda）— 昆虫纲（Insecta）— 鳞翅目（Lepidoptera）— 螟蛾科（Pyralidae）

鉴别特征

幼虫分为头、胸、腹三部分；头有下口式和前口式之分，头两侧通常各有6个单眼，单眼为黑点，无晶体；多数种类的幼虫具丝状气管鳃，气管鳃通常位于第2~3胸节和腹节上，少数位于第1胸节上，气管鳃单生或簇生，多不分枝。

生境

幼虫多栖息于静水或流水的缓流水域中。

采集地

岷江流域月波、麻柳坝。

螟蛾科侧面观

螟蛾科腹面观

4.34 星齿蛉属（*Protohermes*）

分类地位

节肢动物门（Arthropoda）— 昆虫纲（Insecta）— 广翅目（Megaloptera）— 齿蛉科（Corydalidae）— 星齿蛉属（*Protohermes*）

鉴别特征

本属物种的幼虫为大型，具发达的咀嚼式口器；腹部第 1~7 节的突起部分具有成簇的丝状鳃，腹部末端具 1 对长钩状伪足。

生境

幼虫喜栖息于清澈无污染的溪流、河流中，多见于清洁或轻污染水体中。

采集地

长江流域挂弓山；岷江流域月波。

星齿蛉属整体观

星齿蛉属头部

星齿蛉属尾部

4.35　蟌科（Coenagrionidae）

分类地位

节肢动物门（Arthropoda）—昆虫纲（Insecta）—蜻蜓目（Odonata）—蟌科（Coenagrionidae）

鉴别特征

体小而细长；腹部末端具3条尾鳃，叶片状或囊状；触角第1节正常；头大而扁平，后头小；复眼小，向侧缘突出；前颏非柄状，末端呈三角形或四边形；前颏具刚毛一根或多根，若多根则左、右两侧刚毛成锐角排列。

生境

幼虫栖息于湖泊、河流等水体中，多见于中污染的水体中。

采集地

岷江流域麻柳坝。

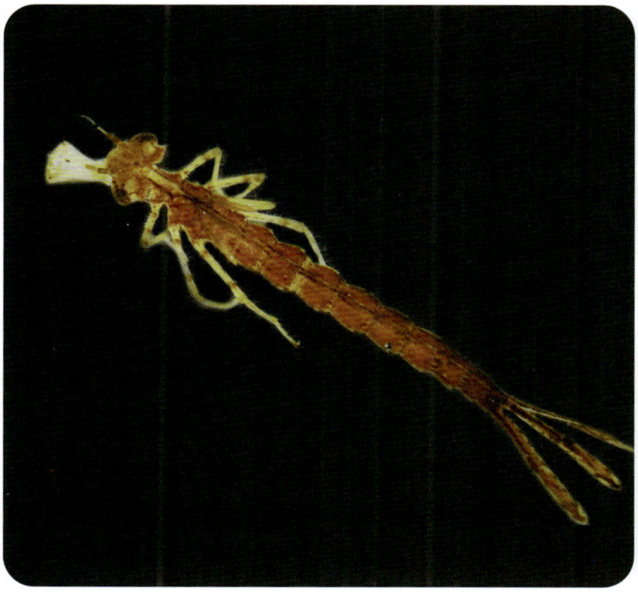

蟌科整体观

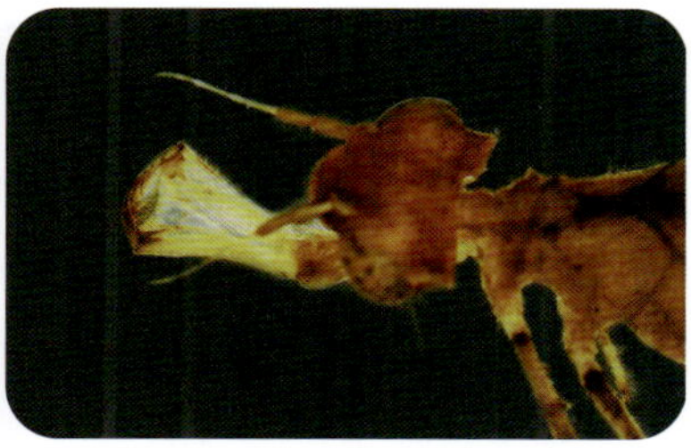

蟌科下唇

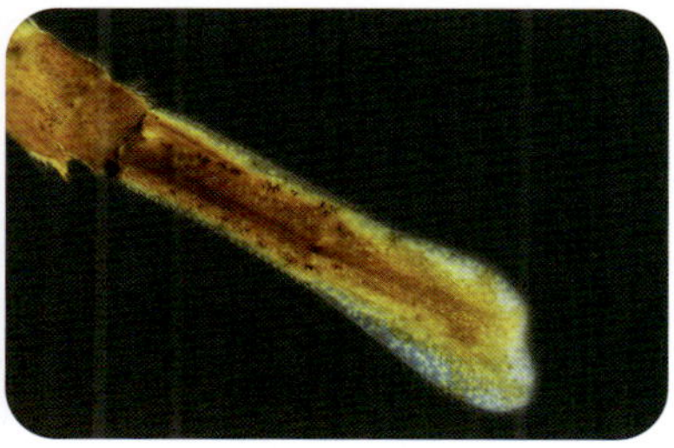

蟌科尾部

4.36 春蜓科（Gomphidae）

分类地位

节肢动物门（Arthropoda）—昆虫纲（Insecta）—蜻蜓目（Odonata）—春蜓科（Gomphidae）

鉴别特征

体小型至大型；头部近三角形，复眼小；触角 4 节，第 3 节膨大且明显比其他节长，第 4 节微小；从侧面看，其扁平的前颏没有覆盖上唇；前颏通常无刚毛，且前缘无中裂；前、中足的跗节均为两节。

生境

多生活在山涧溪流、河流、湖沼等的泥沙底质中，清洁水体和轻中污染水体中也有分布。

采集地

长江流域挂弓山。

春蜓科整体观

春蜓科触角

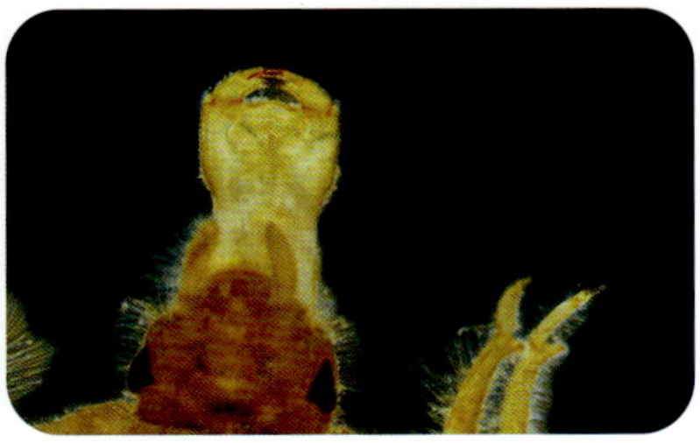

春蜓科下唇

4.37　舌石蛾科（Glossosomatidae）

分类地位

节肢动物门（Arthropoda）— 昆虫纲（Insecta）— 毛翅目（Trichoptera）— 舌石蛾科（Glossosomatidae）

鉴别特征

前胸背板完全骨化；中胸背板全部膜质或大部分膜质，被骨片所覆盖的面积远不及中胸的1/2；后胸膜质；腹部第9节背面具骨化骨片；臀足基半部与第9节大面积相连；臀爪至少有1个副钩。

生境

栖息于山地清洁河流、溪流等水体中，偏爱较冷环境；幼虫巢可移动，用粗砂粒筑成，呈鞍形。

采集地

长江流域挂弓山；岷江流域月波。

舌石蛾科侧面观

舌石蛾科特征观

4.38 纹石蛾科（Hydropsychidae）

分类地位

节肢动物门（Arthropoda）— 昆虫纲（Insecta）— 毛翅目（Trichoptera）— 纹石蛾科（Hydropsychidae）

鉴别特征

幼虫前胸、中胸、后胸的背板均完全骨化，各节盾板的形状、大小相似；腹部具发达的分支气管鳃；臀足发达且具刚毛。

生境

生活在山地、平原等处清洁河水水体的急流生境中。

采集地

金沙江流域三块石、石门子；岷江流域月波、鱼尾坝。

纹石蛾科整体观

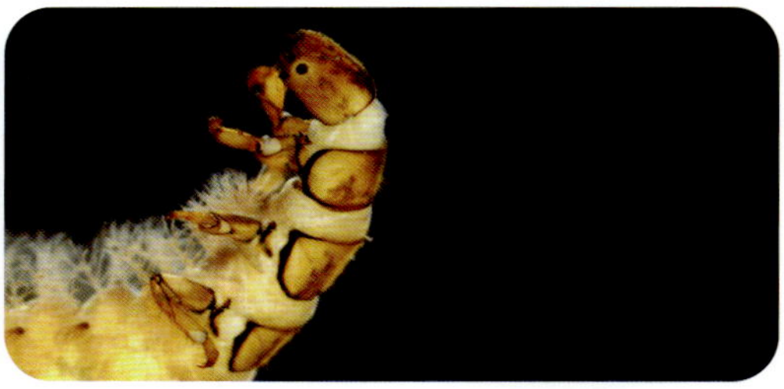

纹石蛾科头部

纹石蛾科尾部

4.39 小石蛾科（Hydroptilidae）

分类地位

节肢动物门（Arthropoda）—昆虫纲（Insecta）—毛翅目（Trichoptera）—小石蛾科（Hydroptilidae）

鉴别特征

幼虫为小型；胸部背板骨质化；腹部显著大于头、胸部，各节无气管鳃，第 9 节背板具骨化骨片。

生境

生活在流水和静水水域中，喜栖息在较清洁河流的缓流处。

采集地

岷江流域鱼尾坝。

小石蛾科整体观

小石蛾科头部

小石蛾科尾部

4.40 多距石蛾科（Polycentropodidae）

分类地位

节肢动物门（Arthropoda）— 昆虫纲（Insecta）— 毛翅目（Trichoptera）— 多距石蛾科（Polycentropodidae）

鉴别特征

前胸背板完全骨化，中胸、后胸的背板完全膜质；前胸盾板不向腹面延伸；前足基转节端部尖锐并向外延伸；体壁无鳃；腹部具侧毛线；下唇不发达。

生境

分布范围广泛，常见于各种类型的清洁水体，是毛翅目中对水质较为敏感的类群，幼虫有固定筑巢习惯。

采集地

长江流域纳溪大渡口；岷江流域鱼尾坝。

多距石蛾科整体观

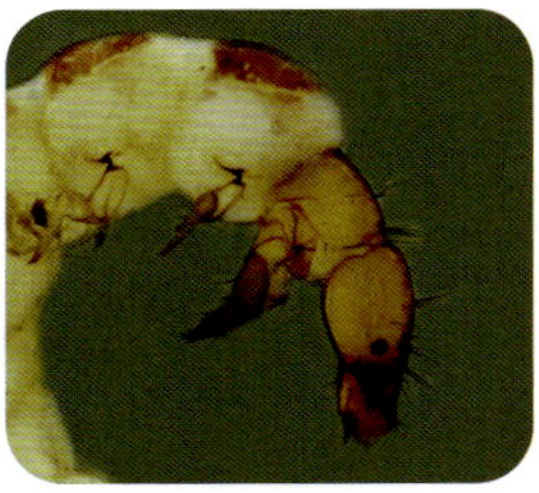

多距石蛾科头部

多距石蛾科尾部

4.41　角石蛾科（Stenopsychidae）

分类地位

节肢动物门（Arthropoda）— 昆虫纲（Insecta）— 毛翅目（Trichoptera）— 角石蛾科（Stenopsychidae）

鉴别特征

幼虫大型；头狭长，长为宽的 2 倍以上；头及前胸呈茶褐色或黄褐色，其上具明显黑褐色斑纹或条纹；前足基转节处具 2 个大刺；腹部 9 节，不具呼吸鳃，无侧毛线，末端具肛鳃；臀足爪长，爪节短，弯曲末端尖锐。

生境

栖息于山地清洁河流、溪流中，是清洁水体的代表物种。

采集地

岷江流域月波。

角石蛾科正面观

角石蛾科腹面观

4.42 蜾蠃蜚科（Corophiidae）

分类地位

节肢动物门（Arthropoda）— 软甲纲（Malacostraca）— 端足目（Amphipoda）— 蜾蠃蜚科（Corophiidae）

鉴别特征

身体具明显的扁平状边缘；第 2 触角特大，呈足状，触鞭特化为防御器官；下唇在大颚后方，为瓣状突起；第 1 小颚一般由 2 小片组成；胸肢 8 对，都呈单肢型，第 1 对为颚足，底节左、右愈合。

生境

栖息于海水、半咸水或淡水的基质的表面或内部，尤其喜欢穴居于泥沙中，常用第 2 触角挖泥做穴。

采集地

长江流域挂弓山；金沙江流域三块石、石门子。

蜾蠃蜚科 A 种整体观

蜾蠃蜚科 B 种整体观

4.43　钩虾科（Gammaridae）

分类地位

节肢动物门（Arthropoda）—软甲纲（Malacostraca）—端足目（Amphipoda）—钩虾科（Gammaridae）

鉴别特征

钩虾科动物身体分节，各体节有愈合现象，使得其分为头部、胸部及腹部三部分，背部隆起；体色因种而异，多呈乳白色；第 2 触角发育正常，第 1 触角上的附属鞭毛为单关节或双关节结构；鳃足为椭圆形，而非近方形；腹足双肢型，内、外肢呈羽毛状；雌性体长远小于雄性体长。

生境

在海水、咸淡水水域中均有分布。

采集地

长江流域纳溪大渡口；岷江流域月波、麻柳坝。

钩虾科整体观

钩虾科头部

4.44 米虾属（*Caridina*）

分类地位

节肢动物门（Arthropoda）— 软甲纲（Malacostraca）— 十足目（Decapoda）— 匙指虾科（Atyidae）— 米虾属（*Caridina*）

鉴别特征

头胸甲具触角刺，无眼上刺，颊刺或有或无；步足不具外肢，第 2 步足无底节刺、颊刺。

生境

生活在湖泊、池塘及沟渠中；轻污染水体中多见。

采集地

长江流域挂弓山、江南沙嘴上、纳溪大渡口；金沙江流域宝宁村；岷江流域麻柳坝、鱼尾坝。

米虾属整体观

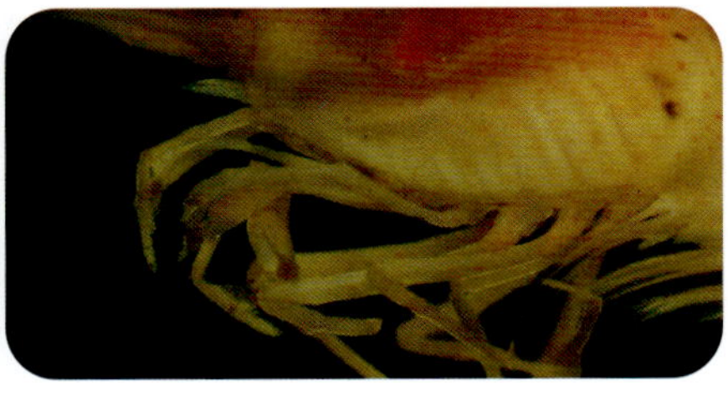

米虾属步足

4.45　沼虾属（*Macrobrachium*）

分类地位

节肢动物门（Arthropoda）— 软甲纲（Malacostraca）— 十足目（Decapoda）— 长臂虾科（Palaemonidae）— 沼虾属（*Macrobrachium*）

鉴别特征

头胸甲具肝刺、触角刺，无鳃甲刺；大颚触角 3 节；第 2 步足明显粗大。

生境

栖息于湖泊、池塘、水库中；轻污染水体中多见。

采集地

长江流域挂弓山、江南沙嘴上、纳溪大渡口；金沙江流域宝宁村；岷江流域麻柳坝、鱼尾坝。

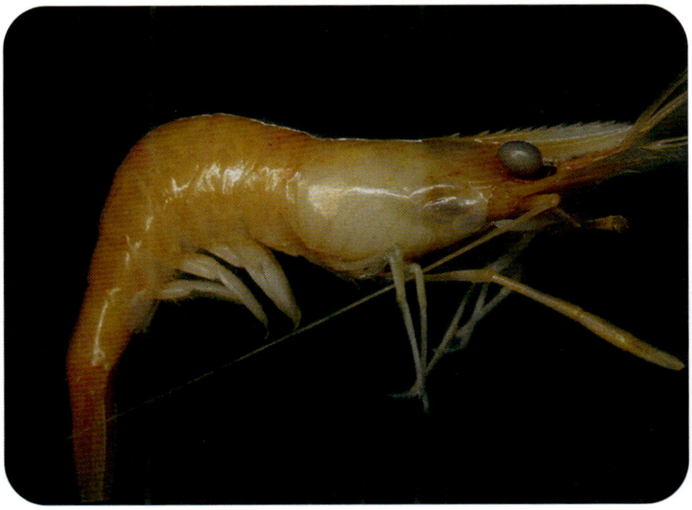

沼虾属整体观

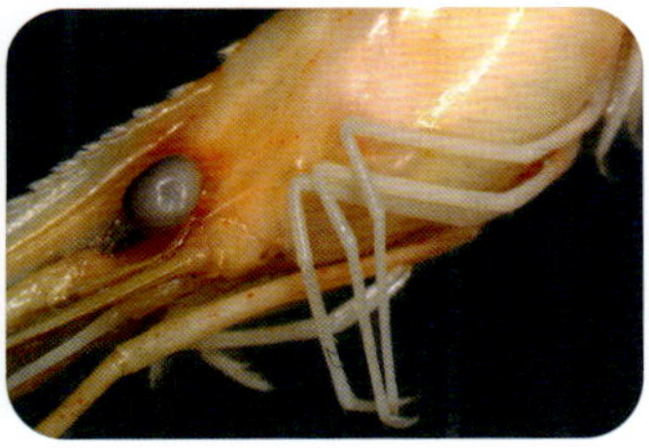

沼虾属肝刺

4.46 白虾属（*Exopalaemon*）

分类地位

节肢动物门（Arthropoda）— 软甲纲（Malacostraca）— 十足目（Decapoda）— 长臂虾科（Palaemonidae）— 白虾属（*Exopalaemon*）

鉴别特征

额角基部具带锯齿的鸡冠状突起，触角刺小，鳃甲刺大，鳃甲沟明显且在鳃甲刺上方，其略呈弧形弯曲。

生境

生活在淡水、河口的半咸水或沿岸海域中。

采集地

长江流域挂弓山、江南沙嘴上、纳溪大渡口；金沙江流域宝宁村；岷江流域麻柳坝、鱼尾坝。

白虾属整体观

白虾属头部

4.47　龙溪蟹属（*Longpotamon*）

分类地位

节肢动物门（Arthropoda）— 软甲纲（Malacostraca）— 十足目（Decapoda）— 溪蟹科（Potamidae）— 龙溪蟹属（*Longpotamon*）

鉴别特征

甲壳较宽，背面突起，表面光滑；雄性第 1 配偶足较短，其末端尖端向内、向上弯曲；雌性生殖孔较小。

生境

生活于江、河、湖、溪以及水田中，常潜伏在砖石下。

采集地

金沙江流域三块石；岷江流域鱼尾坝。

龙溪蟹属整体观

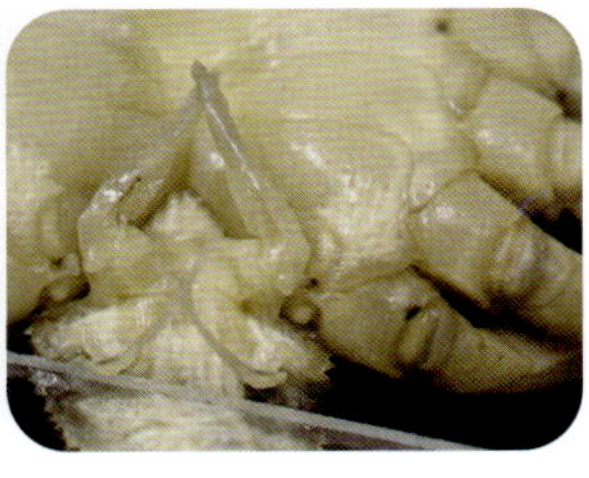

龙溪蟹属腹肢

4.48 鼠妇属（*Porcellio*）

分类地位

节肢动物门（Arthropoda）— 软甲纲（Malacostraca）— 等足目（Isopoda）— 潮虫科（Onscidae）— 鼠妇属（*Porcellio*）

鉴别特征

体椭圆形，稍扁；体表面灰色，具光泽；成年体长 10~15 mm，共 13 节；头部具 1 对线状触角；复眼 1 对，呈黑色、圆形、微突；胸部分 7 个环节，每节有同形等长的足 1 对，第 1 胸节与颈愈合；腹部小，分为 5 个环节；尾肢扁平，外肢与第 5 腹节嵌合齐平，尾节末端为两个片状突起；身体能蜷缩成球形。

生境

生活在热带、亚热带地区，具有向湿性和负趋光性，喜阴暗潮湿的环境，栖息于朽木、腐叶或石块下，有的还栖息于水边或海边石下。

采集地

岷江流域鱼尾坝。

鼠妇属正面观

鼠妇属腹面观

4.49　团水虱科（Sphaeromatidae）

分类地位

节肢动物门（Arthropoda）—软甲纲（Malacostraca）—等足目（Isopoda）—团水虱科（Sphaeromatidae）

鉴别特征

背部—腹部方向呈扁平状；体坚固，背部拱起，受惊时常蜷成球形；头宽，具 2 对触角，触角节数较多，明显分为柄部和鞭部；尾节宽而大，尾肢着生在尾节的内侧；内肢不可动，外肢可动。

生境

生活在海岸及河口的沿岸地区，栖息于水草间。

采集地

长江流域挂弓山；金沙江流域三块石、石门子。

团水虱科正面观

团水虱科腹面观

参考文献

[1] 毕列爵，胡征宇．中国淡水藻志（第八卷）：绿藻门：绿球藻目（上）[M]. 北京：科学出版社，2004.

[2] 郭家骅，田雨露，孙昊田．秦岭北麓河流周丛与浮游藻类图谱 [M]. 北京：中国水利水电出版社，2024.

[3] 胡建林，刘国祥，蔡庆华，等．三峡库区重庆段主要支流春季浮游植物调查 [J]. 水生生物学报，2006,30(1): 116-119.

[4] 刘静，韦桂峰，胡韧，等．珠江水系东江流域底栖硅藻图集 [M]. 北京：中国环境出版社，2013.

[5] Henri Tachet, Philippe Richoux, Michel Bournaurd, et al. 淡水无脊椎动物系统分类、生物及生态学 [M]. 刘威，韦桂峰，胡韧，译．北京：中国水利水电出版社，2015.

[6] 潘晨，叶晟，沈伟．江苏省太湖流域大型底栖无脊椎动物图集 [M]. 南京：河海大学出版社，2024.

[7] 王全喜，庞婉婷．长江下游地区常见浮游植物图集 [M]. 北京：科学出版社，2023.

[8] 王全喜，尤庆敏．长江下游地区常见硅藻图集 [M]. 北京：科学出版社，2024.

[9] 王业耀．中国流域常见水生生物图集 [M]. 北京：科学出版社，2020.

[10] 王俊才，王新华．中国北方摇蚊幼虫 [M]. 北京：中国言实出版社，2011.

[11] 伍跃辉，陈威，李中宇．阿什河底栖动物图谱 [M]. 北京：中国环境出版社，2017.

[12] 王俊才，张峥，姜永伟，等．辽河流域水生昆虫分类鉴定检索图鉴 [M]. 北京：中国环境出版集团，2023.

[13] 胡鸿钧，李尧英，魏印心，等．中国淡水藻类 [M]. 上海：上海科学技术出版社，1980.

[14] 胡鸿钧，魏印心．中国淡水藻类——系统、分类及生态 [M]. 北京：科学出版社，2006.

[15] 王先云，朱宜平，张东，等．上海市饮用水水源地常见藻类图集 [M]. 北京：中国环境出版集团，2021.

[16] 周凤霞，陈剑虹．淡水微型生物与底栖动物图谱 [M]. 2 版．北京：化学工业出版社．2011.

[17] 周长发，苏翠荣，归鸿．中国蜉蝣概述 [M]. 北京：科学出版社 .2015.

[18] 周长发，归鸿，周开亚．中国蜉蝣目稚虫科检索表（昆虫纲）[J]. 南京师大学报（自然科学版），2003, 26(2): 65-68.

[19] 李继影，徐恒省，王亚超，等．太湖流域（江苏）淡水浮游藻类 [M]. 北京：科学出版社，2023.

附录

宜宾市三江干流常见浮游植物名录

浮游植物					岷江流域	金沙江流域	长江流域
门 Phylum	纲 Class	目 Order	科 Famliy	属 Genus			
蓝藻门 Cyanophyta	蓝藻纲 Cyanophyceae	色球藻目 Chroococcales	色球藻科 Chroococcaceae	色球藻属 *Chroococcus*	+	+	+
			平裂藻科 Merismopediaceae	隐球藻属 *Aphanocapsa*	+	+	+
				平裂藻属 *Merismopedia*	+	+	+
			微囊藻科 Microcystaceae	微囊藻属 *Microcystis*	+	+	+
			聚球藻科 Synechococcaceae	隐杆藻属 *Aphanothece*		+	+
				聚球藻属 *Synechococcus*	+	+	+
		颤藻目 Oscillatoriales	颤藻科 Oscillatoriaceae	鞘丝藻属 *Lyngbya*	+	+	+
				颤藻属 *Oscillatoria*	+	+	+
				螺旋藻属 *Spirulina*	+	+	+
			假鱼腥藻科 Pseudanabaenaceae	细鞘丝藻属 *Leptolyngbya*		+	
				泽丝藻属 *Limnothrix*		+	
				浮鞘丝藻属 *Planktolyngbya*	+	+	+
				假鱼腥藻属 *Pseudanabaena*	+	+	+
		念珠藻目 Nostocales	念珠藻科 Nostocaceae	鱼腥藻属 *Anabaena*	+		+
				束丝藻属 *Aphanizomenon*	+		+
				矛丝藻属 *Cuspidothrix*	+		
				长孢藻属 *Dolichospermum*	+	+	+
				尖头藻属 *Raphidiopsis*	+	+	+

续表1

浮游植物					岷江流域	金沙江流域	长江流域
门 Phylum	纲 Class	目 Order	科 Famliy	属 Genus			
绿藻门 Chlorophyta	绿藻纲 Chlorophyceae	绿球藻目 Chlorococcales	小桩藻科 Characiaceae	弓形藻属 *Schroederia*	+		+
			小球藻科 Chlorellaceae	纤维藻属 *Ankistrodesmus*	+	+	+
				小球藻属 *Chlorella*	+	+	+
				蹄形藻属 *Kirchneriella*	+	+	+
				顶棘藻属 *Lagerheimiella*	+	+	+
				月牙藻属 *Selenastrum*		+	+
				四角藻属 *Tetraedron*	+	+	+
				四棘藻属 *Treubaria*		+	+
			网球藻科 Dictyosphaeraceae	网球藻属 *Dictyosphaerium*	+	+	
			卵囊藻科 Oocystaceae	肾形藻属 *Nephrocytium*		+	+
				卵囊藻属 *Oocystis*	+	+	+
				浮球藻属 *Planktosphaeria*		+	+
				球囊藻属 *Sphaerocystis*		+	+
			盘星藻科 Pediastraceae	盘星藻属 *Pediastrum*	+	+	+
			栅藻科 Scenedesmaceae	集星藻属 *Actinastrum*	+	+	+
				空星藻属 *Coelastrum*	+	+	+
				十字藻属 *Crucigenia*	+	+	+
				栅藻属 *Scenedesmus*	+	+	+
		刚毛藻目 Cladophorales	刚毛藻科 Cladophoraceae	刚毛藻属 *Cladophora*	+	+	+
		鞘藻目 Oedogoniales	鞘藻科 Oedogoniaceae	鞘藻属 *Oedogonium*	+	+	
		四孢藻目 Tetrasporales	胶球藻科 Coccomyxaceae	纺锤藻属 *Elakatothrix*		+	
		丝藻目 Ulotrichales	丝藻科 Ulotrichaceae	丝藻属 *Ulothrix*	+	+	+

续表2

浮游植物					岷江流域	金沙江流域	长江流域
门 Phylum	纲 Class	目 Order	科 Famliy	属 Genus			
绿藻门 Chlorophyta	绿藻纲 Chlorophyceae	团藻目 Volvocales	衣藻科 hlamydomonadaceae	四鞭藻属 *Carteria*	+	+	+
				衣藻属 *Chlamydomonas*	+	+	+
			团藻科 Volvocaceae	空球藻属 *Eudorina*		+	+
				实球藻属 *Pandorina*	+	+	+
	双星藻纲 Zygnematophyceae	鼓藻目 Desmidiales	鼓藻科 Desmidiaceae	新月藻属 *Closterium*	+	+	+
				鼓藻属 *Cosmarium*	+	+	+
				凹顶鼓藻属 *Euastrum*	+		
				角星鼓藻属 *Staurastrum*		+	+
		双星藻目 Zygnematales	双星藻科 Zygnemataceae	转板藻属 *Mougeotia*	+	+	+
				水绵属 *Spirogyra*	+		
硅藻门 Bacillariophyta	中心纲 Centricae	圆筛藻目 Coscinodiscales	圆筛藻科 Coscinodiscaceae	圆筛藻属 *Coscinodiscus*	+		
				小环藻属 *Cyclotella*	+	+	+
				直链藻属 *Melosira*	+	+	+
				骨条藻属 *Skeletonema*	+	+	
				冠盘藻属 *Stephanodiscus*	+	+	+
		盒形藻目 Biddulphiales	盒形藻科 Biddulphicaceae	四棘藻属 *Attheya*	+	+	+
				水链藻属 *Hydrosera*	+	+	+
	羽纹纲 Pennatae	无壳缝目 Araphidinales	脆杆藻科 Fragilariaceae	星杆藻属 *Asterionella*	+	+	+
				蛾眉藻属 *Ceratoneis*	+	+	+
				等片藻属 *Diatoma*	+	+	+
				脆杆藻属 *Fragilaria*	+	+	+
				扇形藻属 *Meridion*	+	+	+

续表3

浮游植物					岷江流域	金沙江流域	长江流域
门 Phylum	纲 Class	目 Order	科 Famliy	属 Genus			
硅藻门 Bacillariophyta	羽纹纲 Pennatae	无壳缝目 Araphidinales	脆杆藻科 Fragilariaceae	针杆藻属 *Synedra*	+	+	+
		管壳缝目 Aulonoraphidinaless	菱形藻科 Nitzschiaceae	棍状藻属 *Bacillaria*			+
				菱板藻属 *Hantzschia*	+		+
				菱形藻属 *Nitzschia*	+	+	+
			双菱藻科 Surirellaceae	波缘藻属 *Cymatopleura*	+	+	+
				双菱藻属 *Surirella*	+	+	+
		双壳缝目 Biraphidinales	桥弯藻科 Cymbellaceae	双眉藻属 *Amphora*	+	+	+
				桥弯藻属 *Cymbella*	+	+	+
			异极藻科 Gomphonemaceae	异极藻属 *Gomphonema*	+	+	+
			舟形藻科 Naviculaceae	茧形藻属 *Amphiprora*	+	+	+
				美壁藻属 *Caloneis*			+
				肋缝藻属 *Frustulia*			+
				布纹藻属 *Gyrosigma*	+	+	+
				舟形藻属 *Navicula*	+	+	+
				长蓖藻属 *Neidium*	+		+
				羽纹藻属 *Pinnularia*	+	+	+
				鞍型藻属 *Sellaphora*		+	+
				辐节藻属 *Stauroneis*	+	+	+
		短壳缝目 Eunotiales	短缝藻科 Eunotiaceae	短缝藻属 *Eunotia*	+	+	+
		单壳缝目 Monoraphidinales	曲壳藻科 Achnanthaceae	曲壳藻属 *Achnanthes*	+	+	+
				卵形藻属 *Cocconeis*	+	+	+
				弯楔藻属 *Rhoicosphenia*	+	+	+

续表4

浮游植物					岷江流域	金沙江流域	长江流域
门 Phylum	纲 Class	目 Order	科 Famliy	属 Genus			
裸藻门 Euglenophyta	裸藻纲 Euglenophyceae	裸藻目 Euglenales	裸藻科 Euglenaceae	裸藻属 *Euglena*	+	+	+
				扁裸藻属 *Phacus*	+		+
				囊裸藻属 *Trachelomonas*	+	+	+
甲藻门 Dinophyta	甲藻纲 Dinophyceae	多甲藻目 Peridiniales	角甲藻科 Ceratiaceae	角甲藻属 *Ceratium*		+	+
			裸甲藻科 Gymnodiniaceae	裸甲藻属 *Gymnodinium*	+	+	+
			多甲藻科 Peridiniaceae	拟多甲藻属 *Peridiniopsis*	+	+	+
				多甲藻属 *Peridinium*	+	+	+
隐藻门 Cryptophyta	隐藻纲 Cryptophyceae	隐藻目 Cryptomonadales	隐鞭藻科 Cryptomonadaceae	蓝隐藻属 *Chroomonas*	+	+	+
				隐藻属 *Cryptomonas*	+	+	+
金藻门 Chrysophyta	金藻纲 Chrysophyceae	色金藻目 Chromulinales	锥囊藻科 Dinobryonaceae	锥囊藻属 *Dinobryon*	+		+
				金杯藻属 *Kephyrion*	+		+

注："+"表示发现。

宜宾市三江干流常见底栖动物名录

底栖动物					岷江流域	金沙江流域	长江流域
门 Phylum	纲 Class	目 Order	科 Famliy	属 Genus			
扁形动物门 Platyhelminthes	涡虫纲 Turbellaria	/	/	/	+	+	
环节动物门 Annelida	蛭纲 Hirudinea	无吻蛭目 Arhynchobdellida	石蛭科 Erpobdellidae	石蛭属 *Erpobdella*	+		
			沙蛭科 Salifidae	巴蛭属 *Barbronia*	+	+	+
		吻蛭目 Rhynchobdellida	舌蛭科 Glossiphoniidae	舌蛭属 *Glossiphonia*	+	+	
				拟扁蛭属 *Hemiclepsis*			+
	寡毛纲 Oligochaeta	带丝蚓目 Lumbriculida	带丝蚓科 Lumbriculidae	带丝蚓属 *Lumbriculus*		+	
		颤蚓目 Tubificida	仙女虫科 Naididae	头鳃虫属 *Branchiodrilus*			+
				毛腹虫属 *Chaetogaster*			+
				尾盘虫属 *Dero*			+
				仙女虫属 *Nais*	+	+	+
				杆吻虫属 *Stylaria*	+		+
			颤蚓科 Tubificidae	尾鳃蚓属 *Branchiura*			+
				水丝蚓属 *Limnodrilus*			+
				颤蚓属 *Tubifex*	+		+
				/	+	+	+
软体动物门 Mollusca	腹足纲 Gastropoda	基眼目 Basommatophora	椎实螺科 Lymnaeidae	萝卜螺属 *Radix*	+	+	+
			膀胱螺科 Physidae	膀胱螺属 *Physa*		+	+
			扁卷螺科 Planorbidae	旋螺属 *Gyraulus*	+	+	
				/		+	
		中腹足目 Mesogastropoda	豆螺科 Bithyniidae	涵螺属 *Alocinma*		+	
				沼螺属 *Parafossarulus*		+	
			短沟蜷科 Semisulcospiridae	短沟蜷属 *Semisulcospira*		+	+

续表1

底栖动物					岷江流域	金沙江流域	长江流域
门 Phylum	纲 Class	目 Order	科 Famliy	属 Genus			
软体动物门 Mollusca	腹足纲 Gastropoda	中腹足目 Mesogastropoda	狭口螺科 Stenothyridae	狭口螺属 *Stenothyra*		+	
			田螺科 Viviparidae	/		+	
		柄眼目 Stylommatophora	琥珀螺科 Succineidae	/	+		
	瓣鳃纲 Lamellibranchia	贻贝目 Mytiloida	贻贝科 Mytilidae	股蛤属 *Limnoperna*	+	+	+
		帘蛤目 Veneroida	蚬科 Corbiculidae	蚬属 *Corbicula*		+	+
节肢动物门 Arthropoda	蛛形纲 Arachnida	恙螨目 Trombidiformes	水螨科 Hydrachnidae	/	+	+	+
	昆虫纲 Insecta	鞘翅目 Coleoptera	步甲科 Carabidae	/	+		
			龙虱科 Dytiscidae	/	+		
			溪泥甲科 Elmidae	/	+	+	+
			牙甲科 Hydrophilidae	/	+		
			隐翅甲科 Staphylinidae	/	+		
		双翅目 Diptera	蠓科 Ceratopogonidae	/	+		
			摇蚊科 Chironomidae 摇蚊亚科 Chironominae	隐摇蚊属 *Cryptochironomus*			+
				拟长跗摇蚊属 *Paratanytarsus*	+		
				多足摇蚊属 *Polypedilum*	+		+
				流长跗摇蚊属 *Rheotanytarsus*	+		
			摇蚊科 Chironomidae 寡角摇蚊亚科 Diamesinae	同波摇蚊属 *Sympotthastia*	+		
			摇蚊科 Chironomidae 直突摇蚊亚科 Orthocladiinae	布摇蚊属 *Brillia*	+		
				环足摇蚊属 *Cricotopus*	+	+	
				直突摇蚊属 *Orthocladius*			+

续表2

底栖动物					岷江流域	金沙江流域	长江流域
门 Phylum	纲 Class	目 Order	科 Famliy	属 Genus			
节肢动物门 Arthropoda	昆虫纲 Insecta	双翅目 Diptera	摇蚊科 Chironomidae 长足摇蚊亚科 Tanypodinae	无突摇蚊属 *Ablabesmyia*			+
			蚊科 Culicidae	/	+		
			蚋科 Simuliidae	/	+	+	+
			大蚊科 Tipulidae	/	+	+	+
		蜉蝣目 Ephemeroptera	四节蜉科 Baetidae	丽翅蜉属 *Alainites*			+
				花翅蜉属 *Baetiella*	+		+
				四节蜉属 *Baetis*	+	+	+
				原二翅蜉属 *Procloeon*	+		+
			细蜉科 Caenidae	细蜉属 *Caenis*	+		+
				刺眼蜉属 *Caenoculis*	+		
			小蜉科 Ephemerellidae	锯形蜉属 *Serratella*	+	+	+
			蜉蝣科 Ephemeridae	蜉蝣属 *Ephemera*	+		
			扁蜉科 Heptageniidae	似动蜉属 *Cinygmina*	+		+
				扁蚴蜉属 *Ecdyonurus*	+		+
				高翔蜉属 *Epeorus*		+	+
				扁蜉属 *Heptagenia*	+	+	+
			细裳蜉科 Leptophlebiidae	/	+		
				宽基蜉属 *Choroterpes*	+		+
				拟细裳蜉属 *Paraleptophlebia*	+		+
			河花蜉科 Potamanthidae	河花蜉属 *Potamanthus*	+		+
			鲎蜉科 Prosopistomatidae	鲎蜉属 *Prosopistoma*			+
		半翅目 Hemiptera	负子蝽科 Belostomatidae	负子蝽属 *Diplonychus*	+		

续表3

底栖动物					岷江流域	金沙江流域	长江流域
门 Phylum	纲 Class	目 Order	科 Famliy	属 Genus			
节肢动物门 Arthropoda	昆虫纲 Insecta	半翅目 Hemiptera	划蝽科 Corixidae 小划蝽亚科 Micronectinae	小划蝽属 *Micronecta*	+	+	
		鳞翅目 Lepidoptera	螟蛾科 Pyralidae	/	+		
		广翅目 Megaloptera	齿蛉科 Corydalidae	星齿蛉属 *Protohermes*	+		+
		蜻蜓目 Odonata	蟌科 Coenagrionidae	/		+	
			春蜓科 Gomphidae	/			+
		襀翅目 Plecoptera	襀科 Leuctridae	/	+		
		毛翅目 Trichoptera	舌石蛾科 Glossosomatidae	/			+
			纹石蛾科 Hydropsychidae	/	+	+	+
			小石蛾科 Hydroptilidae	/	+		
			石蛾科 Phryganeidae	/	+		
			多距石蛾科 Polycentropodidae	/	+	+	+
			角石蛾科 Stenopsychidae	/	+		+
	软甲纲 Malacostraca	端足目 Amphipoda	蜾蠃蜚科 Corophiidae	/	+	+	+
			钩虾科 Gammaridae	/	+	+	+
		十足目 Decapoda	匙指虾科 Atyidae	米虾属 *Caridina*		+	
			长臂虾科 Palaemonidae	白虾属 *Exopalaemon*	+	+	+
				沼虾属 *Macrobrachium*	+	+	+
			溪蟹科 Potamidae	龙溪蟹属 *Longpotamon*	+	+	
		等足目 Isopoda	潮虫科 Onscidae	鼠妇属 *Porcellio*	+		
			团水虱科 Sphaeromatidae	/		+	+

注："/"表示未鉴定到该分类单元；"+"表示发现。